KB273227

올 댓 **브라질**

올 댓 브라질

| 김두영 지음 |

매일경제신문사

독특한 문화의 장밋빛 시장

"바모스 삼바드롬!(Vamos Sambadrome)!"

브라질에 도착한 다음날 무작정 택시를 타고 삼바 축제가 열리는 현장으로 달려갔다. 과연 소문대로 삼바축제는 요란했다. 5,000명의 무희들이 열광적인 음악에 맞춰 춤을 추면서 퍼레이드를 펼친다. 밤 11시에 시작한 축제는 다음날 새벽까지 이어진다. 말이 필요하지 않다. 브라질의 정열을 온몸으로 느낄 수 있었다.

상파울루에 살다보면 한가한 주말 꽝, 꽝하는 굉음을 듣는 일이 잦다. "뭐야! 어디서 총기 사고가 났나?!" 공포감이 느껴지는 소리다. 알고 보니 축구 시합에서 승리한 팀이 축포를 쏜 것이다.

"너는 어느 팀을 좋아하니?"

"나는 꼬린찌안스 팬이야."

"그렇구나! 그러면 너하고 나는 친구야!"

같은 축구클럽을 응원하는 팬이라는 이유로 쉽게 친구가 되는 사람들.

내가 브라질에 도착했을 때, 상파울루에서 리오 데 자네이로로 가는 고속철 프로젝트가 진행 중이었다. 곧 입찰이 있을 것이다. 한국기업 컨소시엄의 수주가 유력하다는 보도가 이어졌다. '이야… 브라질이 정말 기회의 시장이구나.' 법률회사와 컨설팅회사 및 SOC기업들이 무역관의 문을 두드렸다. 월드컵과 올림픽의 성공적 개최를 위한 프로젝트들을 쏟아 낸다. 언론은 한국기업들이 프로젝트에 참여할 수 있다고 소란을 피웠다.

되는 일도 없고, 안 되는 일도 없다

이렇게 장밋빛으로 흘러가던 브라질 생활이 6개월 정도 지났을까? 짧지 않은 시간 동안 신기할 정도로 똑같은 소리만 오간다는 느낌이다. 여러 가지 프로젝트들의 개요에 대한 논의만 무성할 뿐이다. 갑자기 뭔가 잘못됐다고 생각되는 순간이다. 이렇게 지지부진한 사람들을 밀고 일을 하는 것이 맞는 걸까? 갑자기 내가 하는 일에 회의가 생긴다.

브라질을 조금씩 알아가면서 더욱 기가 막혔다. 한국계 은행들이 겪은 어려움은 이미 알려져 있다. 대출은 쉬운데 회수가 어렵다는 이야기, 일본계 은행도 예외는 아니었다. 굴지의 다국적 은행도 여러

번 시도했던 소매금융을 접고 기업들에 대한 대부로 사업범위를 제한하고 있다.

그렇다고 속단은 금물이다. 주변을 돌아보면 다른 기업들은 사정이 다르다. 베스타스, GE, 임사(IMPSA) 등 유럽과 미국 기업들은 풍력단지 건설에 여념이 없다. 2014년 브라질에서 월드컵이 열린다. 2016년에는 올림픽도 리오 데 자네이로에서 개최된다. 메가 이벤트 준비를 위한 투자가 활발하다. 유럽과 미국에 이어 중국까지 가세하여 각축을 벌이고 있다.

우리나라의 삼성, LG와 현대자동차도 짭짤한 재미를 보고 있다. 삼성과 LG는 이미 브라질의 주류 기업으로 자리를 잡았다. 브라질은 2억에 달하는 인구와 열악한 사회 인프라 개선을 위한 투자규모 때문에 중소기업들도 관심을 가지는 시장이다.

그렇다면 승승장구하는 기업과 일이 되지 않는 기업의 차이가 무엇일까? 브라질 문화에 익숙한 사람들은 유능한 로비스트가 필요하다고 주장한다. 정치권과 협력하고, 저리 자금에 접근해야 뭐라도 할 수 있는 곳이 브라질이기 때문이다. 그러나 로비스트가 비즈니스를 대신해 줄 수 있을까? 결국은 각 기업의 자체 역량강화가 필요한 것임이 분명하다.

현지화가 해법이다 - 브라질을 즐기고, 문화를 이해하라

브라질 시장 진입의 첫째 조건은 역시 시장을 이해하는 것이다. 브

라질은 우리에게 미지의 세계다. 지구의 반대편에 있는 거리만큼이나 다른 문화를 가진 사람들이다. 세계 굴지의 기업들과 우리나라 대기업들도 10여 년의 노력 끝에 브라질 시장에서 자리를 잡았다.

브라질에 대한 이해를 위해서는 여러 도시와 관광지 등을 돌아보아야 한다. 이를 통해 브라질의 생활양식을 접할 수 있을 것이다. 카니발과 다양한 축제, 축구장 방문을 통해 그들의 사고방식과 문화적 특성을 이해하는 노력도 병행해야 한다. 현지인과 대화의 폭을 넓힐 수 있는 기초가 될 것이다.

브라질을 즐기면서 시장의 특성을 파악하고 접근하기 위해 딱딱한 연구와 분석적인 접근이 필요할까? 오히려 즐겁게 지냈던 생생한 경험담이 효율적일 수 있다. 필자는 브라질에서 몸으로 부딪치며 익힌 체험을 공유하기 위해 책을 쓰기로 마음먹었다. 브라질을 여행하면서 비즈니스 노하우를 경험하는 기분으로 읽어 보기 바란다.

김두영

Contents

시작하는 글 :: 04

PART 01 신이 내린 선물, 브라질의 자연

신음하는 세계의 허파 아마존 :: 12

세계 최대 폭포 이과수와 국경무역 :: 35

원시 생태계 빤따날의 변신 :: 53

PART 02 격변기를 겪는 낭만과 축제의 도시들

산업화되는 브라질의 발원지 살바도르 :: 80

세계 최고 미항 리오의 숨은 파워 :: 101

브라질을 움직이는 커피의 성지 상파울루 :: 123

PART 03 행복에 취해 사는 사람들

반짝이는 아이디어를 가진 행복의 나라 :: 150

삼바 카니발과 이어지는 축제들 :: 171

정열과 단합의 심볼 삼바 축구 :: 186

PART 04 > 브라질 드림을 찾아서

브라질에는 브라질 사람이 없다 :: 202

룰라 경제학의 허와 실 :: 219

우리기업의 도전 :: 234

PART 05 > 브라질 코스트의 함정

자갈밭의 트럭에 의존하는 물류구조 :: 256

누구도 예측할 수 없는 노동문제 :: 267

브라질 코스트를 유발하는 복잡한 행정구조 :: 282

마치는 글 :: 288

PART 01

신이 내린 선물, 브라질의 자연

Brazil

신음하는 세계의
허파 아마존

도도히 흐르는 장강 위에 한 점의 작은 보트가 요란한 굉음을 내면서 달린다. 요트에서 바라본 아마존강은 정말 망망대해와 같았다. 굽이치는 파도가 뱃전을 때린다. 심지어 갈매기 같은 흰 새가 날고, 돌고래들이 수면 위로 솟구친다. 얼마나 달렸을까? 하얀 물보라 사이로 보이는 도시의 큰 호텔들이 점점 작아져 시야에서 사라진다.

강을 거슬러 한 시간 이상 달렸을 즈음 조용한 강변의 작은 언덕에 도착했다. 보트에서 내려 모래톱을 지나 가파른 언덕으로 비지땀을 흘리며 올라섰다. 정글의 원주민들은 어떤 모습일까? 잔뜩 기대에 부풀어 마을을 들어섰다. 마을 입구에는 깡마른 풀로 지붕을 덮고 나무 껍질을 벗겨 만든 집이 있었다.

인디언 마을 입구

집에 들어서는 순간 까맣게 탄 얼굴에 수영복 같은 팬츠만 입고 맨발로 다니는 사람들이 나타났다. 분명히 원시적 생활 모습을 느낄 수 있다. 그러나 머릿속에서 그렸던 원주민의 모습은 분명 아니었다. 얼마 전 유튜브에서 정글속의 원주민을 본 적이 있었다. 페루지역의 원시림에 사는 원주민이다. 아마존 강에 떠다니는 유람선을 향해 활을 겨누는 모습이었다.

"이 사람이 족장의 아들입니다." 가이드가 한 사람씩 소개하기 시작했다. 아! 아마존에는 그들이 없구나. 개발붐과 함께 원주민들은 현대문명에 빠르게 흡수돼 버렸다. 전통적 생활양식을 지키려는 마지막 무리들의 몸부림을 느낄 수 있을 뿐. 하지만 브라질의 다른 지역에서 느낄 수 없는 인종적 특성은 아직 남아 있었다. "갈색 눈을 가진 아시아계 메스티조가 74%, 백인 21%, 흑인이 4.3%입니다." 가이드의 설명이다. 아무래도 원주민 혈통이 많다 보니 문화적 전통을 지키기 위해 노력하나 보다.

족장의 아들이 건네주는 찬물로 목을 축인 후 정글을 향해 발길을 옮겼다. 정글 속의 원주민들이 어떻게 자연에 순응하면서 생존하는지 이해할 수 있었다. "우기에는 모든 나무들이 비에 젖어 있습니다. 키가 큰 가시나무의 껍질이 없으면 불을 피울 수 없죠"라고 강조하며 가이드가 나무껍질을 벗기는 시범을 보여 주었다. 껍질이 부드럽지만 방수처리가 된 섬유처럼 물이 표면에서 흘러내리는 특이한 나무였다.

"무섭게 쏟아진 물들도 일시에 흘러 사라집니다. 정글에서 물을 구하지 못한다는 건 곧 죽음을 의미합니다. 어떻게 물을 구할 수 있을까요?" 가이드가 묻더니 곧 답을 알려주었다. "사막의 선인장처럼 물을 머금고 있는 정글 속의 나무를 찾아야 합니다."

가이드가 두껍고 칡넝쿨마냥 늘어진 나무를 잘랐다. 나무 둥치의 위를 자른 후 또 밑동을 자르자 물이 흘러 내렸다. 물이 빠지고 나서 보여준 나이테 부분에는 이쑤시개 굵기 정도 되는 수많은 구멍이 있었다.

계속 산속으로 이동하던 중 길옆에 쓰러져 있는 검붉은 색의 나무가 보였다. 가이드가 나무의 이름이 '빠우 브라질'이라고 알려주었다. '근세 유럽에서는 빠우 브라질의 붉은 색소를 이용해 면직물을 염색

빠우 브라질

했습니다. 브라질에 이 나무가 많아 유럽으로 수출하기 시작했습니다. 브라질이라는 나라 이름도 빠우 브라질에서 유래한 것입니다.' 브라질 역사책에서 읽었던 문구들이 생각났다. 가이드가 칼로 빠우 브라질을 내리쳤다. 쇠에 부딪히는 것 같이 굉음만 울렸다. 정말 딱딱한 나무라는 생각이 들었다.

"저기 모퉁이의 나무가 고무나무입니다." 가이드가 가리키는 곳을 보았다. 나무 수액을 짜서 고무를 만드는 고무나무 몇 그루가 보였다. "19세기에는 유럽의 고무 수요가 급증했습니다. 당시에는 아마존에만 고무나무가 있어서 보석 덩어리보다 값이 비쌌습니다." 그런데 이제는 평범한 나무가 되어 아무도 관심이 없단다.

"우리 주위에 맹수가 나타날 수 있습니다." 갑자기 가이드가 조용히 말하며 두리번거렸다. 순간 본능적으로 동행하던 원주민을 쳐다보았다. 단검과 활 그리고 대롱 속에 독침을 넣고 입으로 불어서 쏘는 원시적 무기를 가지고 있었다. 그러나 아랫배가 불룩하고 살이 쪄서 날렵한 전투력을 기대할 수 없는 모습에 불안감이 엄습했다. "재규어 같은 맹수는 반드시 뒤에서 공격을 합니다. 큰 나무를 등지고 있으면 공격을 피할 수 있어요." 가이드의 말이 위안이 되었다.

정글을 벗어나 인디언 마을로 돌아왔을 때 그들은 전통공연을 준비 중이었다. 옷을 벗고 나무껍질을 엮어 허리에 두르고 있었다.

TV 다큐멘터리 〈아마존의 눈물〉에서 본 원주민들의 모습이었다. 얼굴에 붉은색 문양을 새기고 있으니 정말 문명과 접촉이 없는 원시인 모습이었다. "어머, 저 여자들 왜 다 벗고 나왔어?", "그래야 원주민 같아 보이지." 다른 관광객이 옆에서 속삭이는 소리가 들렸다. 원주민 남녀 4명이 짝을 이루어 긴 대롱으로 음악을 연주하며 춤을 추었다. 공연이 끝날 무렵 원주민들의 손에 이끌려 모두 함께 춤을 추었다. 나만 그런가? 왠지 좀 민망한 분위기를 느꼈다.

다음날은 큰 배를 타고 강의 하류를 따라 천천히 이동하였다. 아마존 강은 길이가 7,062킬로미터에 달하는 세계에서 가장 큰 강이다. 아마존 강물이 전 세계 강물 양의 1/5을 차지한다. 이렇게 엄청난 양의

원주민 공연 장면

물이 있기에 아마존은 생명의 보고가 될 수 있었다. 약 3,000종의 열대 물고기가 서식하고 있다. 세계에서 가장 큰 뱀 '아나콘다', 식인 물고기로 알려진 '삐라냐'와 희귀 동물로서 길이가 2미터가 넘는 '삐라루꾸' 그리고 분홍돌고래 등이 서식하고 있다.

아마존강은 2개의 강이 합쳐서 만들어 진다. 북쪽의 콜롬비아에서부터 흘러내리는 니그로강, 페루에서부터 흘러내리는 솔리머잉강이다. 이렇게 흘러내린 두 개의 강이 마나우스 지역에서 하나로 합쳐져 대서양까지 흘러간다. 니그로강의 선상에서 둘러본 위용만 해도 쉽게 느끼지 못한 웅대함이 있었다. 동방명주에서 바라본 황포강도, 미국 뉴올리언스의 스팀보트를 타고 바라본 미시시피강도 아마존강 앞에

강물이 검은색과 황색으로 나누어져 있는 모습

서는 지극히 평범한 작은 강에 불과했다.

마나우스 지역을 출발한지 1시간 여 지나서 두물머리에 도착했다. 니그로강은 검은색 강물이다. 어떻게 이 많은 강물이 검게 염색될 수 있을까? "아마존 정글의 식물에서 나오는 '타닌' 성분과 '마그네슘' 등 광물질이 녹아들어서 물이 검게 변합니다." 가이드의 설명에도 이해가 되지 않았다. 이렇게 많은 물을 오랜 세월동안 검게 물들이려면 얼마나 많은 타닌이 필요할까? 검은색 강물을 보는 것은 새로운 경험이다. 강변의 황토가 흘러내려 누렇게 탁해지는 것은 우리나라에서도 흔히 볼 수 있지만, 검은색 강이라!

그런데 더욱 재미있는 사실은 황토색 솔리머잉강물과 검은색 니그로강이 만난 후 물이 섞이지 않고 6킬로미터나 흘러내린다는 점이다. 두 개의 큰 강이 만나는 합류지점에서부터 반은 검은색, 반은 황토색으로 양쪽물이 갈라져 흐른다. 직접 보지 않고는 믿기 힘든 광경이다.

물이 섞이지 않는 데에는 세 가지 이유가 있다. 첫째는 물의 온도가 다르다. 황토색 물이 검은색 물보다 차갑기 때문에 쉽게 섞이지 않는다. 가이드가 떠주는 양쪽 물에 손을 넣어 보니 온도 차를 느낄 수 있다. 그리고 둘째는 유속이 서로 다르다. 황토색 솔리머잉강은 협곡을 지나면서 빠른 속도로 흐르는 반면 검은색 니그로강은 넓고 평평한 지역을 거쳐 오기 때문에 속도가 느리다. 물론 육안으로 구분할 수는 없었다. 마지막으로 두강은 산성도에 차이가 있다. 니그로강은 솔리머잉강에 비해 강한 산성을 띠고 있다. 설명을 들었지만 다시 봐도 신기한 현상이다. 어떻게 물이 섞이지 않을까?

일부 흥분한 관광객들이 물에 뛰어 들어 수영을 하고 난리법석이다. 검은색과 황토색 물의 경계지역에서 양쪽을 넘나들고 있다. 그러나 우리 가이드의 엄중한 충고가 있었다. "극히 위험한 짓입니다. 삐라냐 같은 식인 물고기 등 많은 위험 요소가 있습니다"라며 진지한 표정으로 우리들을 쳐다보았다.

전 세계 열대우림의 50%가 아마존에 있다. 그래서 지구의 허파라고 한다. 이런 환경 덕분에 가장 다양한 생명체가 아마존에 존재한다. 매일 새로운 종류의 박테리아나 생명체가 발견되고 있다. 전 세계에 있는 생명체의 1/3이 아마존 지역에 있다고 한다. 이런 정글 덕분에

마나우스 오페라 하우스

아직도 아마존에는 외부문명과 접촉하지 않고 살아가는 '아노마미' 등 180여 부족들이 있다. 물론 그들은 브라질과 콜롬비아 및 페루 국경지역에 있다. 일반 관광객들이 접근할 수 있는 지역이 아니다.

7,062킬로미터에 이르는 아마존 중류에 위치한 '마나우스'는 특별한 도시다. 강폭이 3킬로미터가 넘는 니그로강의 북쪽 강변에 있다. 1808년 포르투갈이 군사적인 목적으로 건설한 도시다. 금광 탐사와 페루, 에콰도르 등 아마존 강 상류에서 나는 상품들의 수송로를 보호하기 위해 만들어졌다.

이렇게 조그만 항구도시에 변화가 생긴 것은 고무 때문이다. 유럽에서 1823년 직물과 가죽제품에 고무를 사용하기 시작했다. 1888년, 자전거 타이어로 고무를 사용하는 등 고무 소비가 급격히 늘어났다. 당시 세계 유일의 고무 생산지였던 마나우스에 자금이 몰렸다. 부자들 덕분에 문명화도 빠르게 진행되었다. 남미에서 두 번째로 전기가 도입된 도시이며, 런던보다 가로등이 먼저 설치되었다.

1896년에는 브라질 최초로 오페라극장이 건설되었다. 유럽에서 호화 크루저가 공연단과 공연을 보려는 귀족들을 싣고 드나들었다. 가이드가 침을 튀기며 자랑을 한다. 한껏 자부심에 도취된 모습이다. '누구는 어릴 때 골목대장 안 해본 사람 있나?' 하는 생각이 들었다. 오페라극장 입구의 기둥은 이탈리아 산 대리석으로 만들고, 출입문은 프랑스산 나무 그리고 의자는 통풍이 잘 되는 인도산 등나무로, 귀빈 대기실 천장은 순금으로 장식했다. 오페라 극장에서는 호사스러운 냄새가 물씬 풍겼다.

그러나 마나우스의 영광은 20여 년의 '일장춘몽'으로 끝났다. 마나우스의 고무나무 씨를 아시아로 밀반출하여 재배하기 시작했기 때문이다. 고무 생산지가 졸지에 말레이시아로 바뀌었다. "말레이시아 산 고무 가격이 마나우스산의 1/3이니 장사가 되겠습니까." 가이드가 흥분하며 말했다. 결국 1906년, 마나우스의 고무 수출이 중단되었다. 이후 마나우스는 졸지에 유령도시가 되었다. 독점에 의존하여 파워를 발휘하는 것이 얼마나 위험한지를 단적으로 보여준다.

브라질 정부는 마나우스에 공단을 지었다. 생계를 위해 아마존 산림을 훼손하는 것을 막기 위해서다. 1967년 마나우스 개발 계획을 수립하고 투자 기업들에게 파격적인 세금 혜택을 준 것이다. 기업들은 세금 혜택 때문에 엄청난 물류비용을 부담하고도 마나우스에 공장을 짓는다. 현재 약 900여 개 조립공장들이 마나우스에 위치한 2개 공단에 들어서 있다.

마나우스 공단에서는 삼성전자와 LG전자가 간판기업이다. LG전자는 마나우스 공장에서 LCD TV와 에어컨 등을 생산하고 있다. 이외에도 유럽의 노키아와 필립스, 일본의 소니 등 많은 전자업체들이 입주해 있다. 일본 혼다는 마나우스에서 오토바이를 조립하고 있다. 최근에는 중국기업들도 진출하기 시작했다.

아마존 관광을 마치고 떠나기 전날 호텔에서 전화를 받았다. 우니코바 박영무 사장의 전화다.

"어디 계시죠?"

"예, 호텔에 있습니다."

"나도 마나우스 왔는데…. 오늘 저녁 같이 하면 어떨까요?"

휴가지에서 업무를 하는 느낌이었다. 그러나 항상 가까이 지내는 사이라 반가운 마음에 저녁을 같이 하기로 했다.

우니코바는 한국에서 핵심 전자부품을 수입하여 조립한다. 매출이 1억 달러 수준인 중견기업이다. 택시 운전사가 쉽게 찾을 수 있을 것

마나우스시(市) 전경

으로 생각하고 호텔을 나섰다. 그런데 막상 택시를 잡고 우니코바 주소를 들이밀자 운전기사가 당황하는 것이었다. 결국 우니코바로 전화를 했고 공장 사람이 한참 동안 길을 설명했다. 마나우스에 공단이 2개나 있고 각 공단에는 900여 개의 크고 작은 공장들이 복잡하게 들어서 있어 길 찾는 일이 쉽지 않다고 한다.

우니코바에 도착한 시간은 오후 5시였다. "공장을 한번 돌아보고 식사 하러 갑시다." 박 사장 안내에 따라 공장으로 들어섰다. "저기 PCB 부품조립 기계는 대당 20억 원이나 합니다. 설비 투자비가 많이 들었지만 셋톱박스가 잘 팔려서 재미있어요. 이쪽은 휴대폰 배터리를 만드는 라인이고, 저기서는 노트북 어댑터를 조립 중입니다."

원시림과 벌거벗은 원주민을 상상했는데 그곳은 마치 우리나라 구로 공단과 같이 신식 설비의 공장과 숙달된 조립공으로 가득했다. 우니코바는 중견기업답게 짜임새 있는 구조였다. "삼성과 LG가 있지만 마나우스에 태극기가 날리는 공장이 많지는 않아요. 저도 한국계 기업으로서 자부심을 가지고 있습니다." 박영무 사장의 자신 있는 말투가 고맙게 느껴졌다.

공장을 둘러보고 시내로 나왔다. 인구 200만 명의 큰 도시지만 도로 사정이 나빠서 15킬로미터에 불과한 거리를 이동하는 데 한 시간이 걸렸다. 달리는 차안에서 박영무 사장은 항구를 내려다보며 말했다. "물류의 관점에서 보면 마나우스는 내륙의 섬이지요. 다른 도시로 이동하기 위해서는 사람이든 물자든 강을 이용해요. 크고 작은 수많은 선박들이 운항을 하기 때문에 선상에서 기름을 공급하는 주유선이 있어요."

"얼마나 큰 배가 마나우스항에 들어올 수 있나요?" 궁금해서 물어보았다. "정상 수량 때는 2만 톤급까지 올 수 있어요. 건기 때 물이 부족하면 배가 마나우스까지 오지 못하고 저 밑에서 바지선으로 컨테이너를 끌어 오기도 해요."

드디어 차가 식당으로 들어설 때 '알렝떼쵸(Alentejo)'라는 간판이 보였다. 박영무 사장을 본 식당주인이 반갑게 맞았다. "또 오셨네요.

수상 주유선

감사합니다. 몇 분이신가요? 오늘도 같은 요리를 드시죠? 맛있게 준
비하겠습니다. 와인을 한번 골라 보시죠." 박영무 사장의 취향을 잘
아는 듯 식당 주인이 메뉴까지 정해 버렸다.

　박영무 사장과 같이 온 4명이 자리에 앉자마자 호나우두 부사장, 공
장장 등 주요 임원들이 도착했다. 필립스사의 부사장인 일본계 2세 기
무라 부사장도 같이 왔다. "기무라 부사장과 호나우두 부사장, 그리고
저 모두 필립스에서 같이 일했어요. 지금은 헤어져 일하지만 자주 만
나고 있어요." 공장장이 자신들의 인연을 설명해 주었다.

마나우스의 알랑떼조 식당

식당이 크지는 않다. 그래도 깔끔하고 담백한 바칼야두(염장 대구)
요리로 유명한 집이다. 우리가 들어갈 때는 손님들이 한 팀밖에 없었
다. 그런데 계속 숫자가 늘어났다. 다른 손님들이 들어 올 때마다 박영
무 사장은 일어서 인사하기 바빴다. '역시 브라질에서도 업계에 있는
여러 사람들과 폭넓은 네트워크를 가지고 있는 것이 성공의 비결이구
나.' 누가 설명해 주지 않아도 알 수 있었다.

마나우스 관광을 마치고 상파울루로 돌아오는 비행기에서 아마존
강을 내려다 보았다. 아마존 강 상류로 3~4일간 보트를 타고 여행하
는 프로그램이 생각났다. 빌게이츠가 머물러서 유명해진 마리아우 수

상호텔에 머물지 못한 아쉬움도 남았다. '아마존강 하류의 정글이 더욱 울창하다던데….' 이런 저런 생각을 하는 사이 아마존이 점점 멀어졌다.

아마존 방문 후 얼마나 지났을까? 미련을 버리지 못하고 있던 아마존 탐구의 새로운 계기가 생겼다. '이번 카라반 사업은 벨렝시에서 합니다.' 대사관에서 연락이 왔다. 카라반 사업은 한국기업이 브라질 지방도시에 진출하도록 지원하기 위한 사업이다. 대사관, 코트라(KOTRA)와 상사들이 주요 도시를 돌면서 비즈니스 상담을 한다. 이번에 아마존강 하구도시인 벨렝시에서 개최하게 된 것이다. 아마존을 좀 더 이해할 수 있는 기회를 기대하며 벨렝시로 갔다.

벨렝시는 아마존강이 대서양으로 흘러들어가는 하구에 위치한 도시이다. 벨렝시에서 하류 방향으로 100킬로미터 가량 이동하면 대서양이 펼쳐진다. 벨렝시에서 아마존강을 따라 상류로 2,500킬로미터 거슬러 올라가야 아마존강 중류의 마나우스시가 나온다. 마나우스 생산 제품은 바지선으로 벨렝까지 가져온다. 그리고 벨렝시에서 트럭으로 환적하여 상파울루 등 주요 도시로 운반한다. 브라질에서 몇 손가락 안에 드는 중요한 물류 도시다.

행사 시작 반나절 전 벨렝시에 도착했다. 아마존강에 대한 호기심 때문에 소형페리를 타고 아마존강을 돌아보는 투어에 참가했다. "지

아마존강의 벨렝 항구

금부터 아프리카에서 유래한 룬다 춤을 보여드리겠습니다." 페리에
있는 바(Bar)의 가수가 외쳤다. 아마존강을 떠다니는 페리는 손님들
이 무료하지 않게 바를 운영하고 있었다. 손님들에게 시원한 음료를
제공하면서 3인조 밴드가 흥겨운 음악을 연주한다. 그리고 남녀 한 쌍
이 여러 가지 춤을 보여주면서 흥을 돋운다.

밴드 연주와 무희의 흥겨운 춤을 보면서 30여 분 아마존강을 유람
했다. 이윽고 남쪽 강변의 벨렝시를 출발한 배가 북쪽 강변에 도착했
다. 강변에는 조그만 오두막집들이 있었다. 7살 정도나 될까? 새까맣
게 탄 꼬마들이 뛰어 놀고 있다. 나는 배에서 꼬마들에게 손을 흔들었

다. 그러나 그들은 아무런 반응이 없었다. 오두막집 앞에 조그만 무동력선 두어 척이 묶여 있다. 아마 저런 배로 낚시를 해서 먹고 사는가 보다 싶었다.

"저기 있는 저 나무가 '아싸이' 나무입니다." 가이드가 아싸이 나무를 가리키자 사람들이 사진을 찍기 시작했다. "여기는 돈 될 것이 널려있네." "개발만 잘하면 될 텐데." 여기저기서 한마디씩 이야기가 나왔다.

오후부터 일정에 따라 벨렝시가 속한 파라주정부 세미나에 참석했다. "파라주에는 보크사이트, 철광석 같은 광물이 많습니다. 그렇지만 브라질 연방법 때문에 우리 주의 75%는 개발을 못해요. 산림 보호구역이기 때문입니다." 안타까운 목소리로 경제개발 국장이 말했다. 그리고 그는 말을 이어갔다. "아마존 원시림에는 세계에서 가장 다양한 생명체가 있습니다. 이미 유럽 학자들이 바이오관련 기술을 개발 중이죠. 바이오산업이 발전하면 원료를 공급해서 돈을 벌 수 있다는 기대도 가지고 있어요." 이 대목에서는 자신감 있는 톤으로 목소리가 바뀌었다.

'아싸이를 보면 충분히 가능하지'하는 생각이 들었다. 아싸이가 스태미나 강화에 좋다고 알려지면서 여러 나라로 팔려가고 있다. 1996년 미국 농무부는 아싸이가 유해산소 흡수 능력이 탁월한 식물이라고 인정했다. 이를 계기로 단번에 세계적 웰빙 식품으로 떠올랐다. 불포화성 지방성분이 있어 혈중 콜레스테롤 수치를 낮춘다는 연구결과도 나왔다. 암 예방 효과가 발표되면서 더욱 관심을 끌고 있다.

오후 세미나가 끝나고 주지사 면담이 있었다. "파라주 경제가 발전하고 있지만 한국과의 협력이 필요합니다. 파라주에 투자하겠다는 한국기업이 있으면 내가 직접 나서서 지원하겠습니다. 아직도 우리 주에는 많은 사람들이 빈곤에 허덕이고 있어서 걱정입니다." 주지사는 비장한 각오로 말했다.

파라주의 물류산업, 자원개발과 농업분야 등에 대한 이야기가 이어졌다. "여기서 배로 가면 마나우스까지는 얼마나 걸리나요?" 상담회에 참석한 산업연맹 직원에게 물었다. "여객선으로 올라갈 때는 5일이 걸립니다. 마나우스에서 내려올 때는 물살의 흐름을 타고 오니까 4일이면 올 수 있어요. 삼성전자와 LG전자도 마나우스에서 생산한 제품을 벨렝까지 바지선으로 가져오고 여기서 트럭으로 환적을 해요. 한국기업들이 자원개발이나 물류분야에 관심을 가질 만합니다." 산업연맹직원은 상사 사람들에게 열심히 설명했다.

다음날 마나우스시의 서쪽 편에 있는 알루미늄 생산공장을 방문했다. "과연 일본은 대단하구나." 참가했던 상사직원들 모두 이구동성으로 감탄했다. "알루노르찌라는 회사를 30년 전에 설립했습니다. 현재는 브라질 발레사와 일본기업 컨소시엄이 지분을 나누어 가지고 있습니다. 세계에서 제일 크고 생산성이 높은 공장입니다." 공장 안내원은 자부심에 차서 알루노르찌에 대해 설명했다.

"이 공장에 원료를 공급하는 알루미늄 광산이 2개 있습니다. 멀리 있는 광산의 원료는 우선 배를 이용하여 항구로 가져옵니다. 항구에서 연결된 컨베이어 벨트를 통해 공장으로 보내집니다. 다른 광산은 240킬로미터밖에 되지 않습니다. 그래서 지하에 파이프를 묻어 이용하고 있습니다. 보오크사이트(알루미늄 원료)와 물을 섞어서 이 공장까지 흘려보냅니다. 일본 산 최신 설비를 이용하기 때문에 생산 단가도 경쟁력이 있습니다." 공장 안내원의 설명은 거침이 없다.

"원료를 나를 때 얼마나 큰 배를 이용하나요?" 누군가 질문을 던졌다. "6만 톤이 넘는 파나막스급을 주로 이용하죠. 아마존강 평균 깊이가 60미터고, 대부분 지역의 강폭이 4킬로미터를 넘어요. 규모의 경제를 위해 대형 선박을 이용하지요." 세계 알루미늄산업을 주도하는 브라질의 힘을 느낄 수 있었다.

벨렝시를 돌아 보고나서 아마존 개발이 빠른 속도로 진행되는 것을 체험할 수 있었다. 경제 성장을 위해 아마존을 개발하겠다는 주정부들의 의지도 강력하게 느껴졌다. 아니나 다를까? 브라질 정부의 아마존 개발 정책이 궤도에 오르면서 파장이 일고 있다.

"파라주 법원, 벨로몬찌댐 건설 재개 허용"이란 제목의 기사를 보았다. 분명히 얼마 전 파라주 법원의 댐 건설 중단 명령이 보도되었었다. 이상하게 생각하며 기사를 읽어 보았다. 파라주 판사가 자연 친화적 건설 계획을 수용하여 지난번 결정을 번복하였다는 내용이었다.

아마존 원주민 수백 명과 환경운동가들이 댐 건설현장을 점거하는 등 조직적 반대 운동이 생각났다. 앞으로도 당분간 혼란스러운 상황이 계속될 것이다. "벨로몬찌댐 건설에 110억 헤알 투자", "벨로몬찌는 중국 산샤댐과 브라질의 이따이뿌댐에 이어 세계 3위 규모", "2015년부터 1만 1,500메가와트 전력 생산" 그동안의 발표 내용들이다. 어떻게 이런 거대한 규모의 댐이 환경 친화적일 수 있을까? 법원의 해명을 이해할 수 없었다.

벨로몬찌댐 사례는 아마존 환경보호와 개발의 심각한 갈등을 보여준다. 아마존 환경 파괴를 우려하는 기사들이 계속 증가하고 있다. "세계 금값이 오르면서 아마존이 멍든다" 2010년 9월의 보도 내용이다. 브라질, 페루와 콜롬비아의 아마존 지역에서 금 채굴업자들이 사금채취를 위해 무분별하게 나무를 자르고 땅을 파헤친다는 메시지다.

아마존 지역 난개발의 우려도 있다. "브라질 아마존서 나무 26억 그루 사라져" 1970년부터 2002년 사이 26억 그루의 나무가 잘렸다는 기사다. 불법 벌목한 지역의 51.7%는 목초지로 만들어 목축을 하고, 나머지는 농경지로 사용하고 있다. 그나마 "아마존 산림파괴가 6년 새 74% 줄어" 같은 희망적 보도도 있다. 2004년에는 산림파괴 면적이 2만 7,400제곱킬로미터였으나 2010년에는 6,500제곱킬로미터라는 것이다.

"브라질 정부, 아마존 지역 개발에 나선다. 2020년까지 2,120억 헤알 투자" 등 브라질 정부의 강력한 아마존 지역 개발의지가 속속 발표되고 있다. 국토의 균형발전을 위해 아마존 지역을 성장 동력으로 삼겠다는 계획이다. 이미 수력발전소 건설은 시작되었다. 도로와 철도를 건설하고 아마존 강의 항만도 계속 확장하고 있다. 아마존 산림 밑에 있는 석유와 가스를 채굴하고 광산을 개발하기 위한 계획도 진행 중이다.

브라질 정부는 이 계획을 법적으로 뒷받침하기 위해 산림법 개정까지 추진하고 있다. "브라질 산림법 개정안 상원 통과" 최근 보도된 신문기사다. 많은 사람들이 브라질 정부의 이런 정책을 우려의 눈으로 보고 있다. 현행법에 따르면 아마존 지역 농민들은 전체 토지의 80%를 숲으로 보호하도록 규정하고 있다. 그런데 개정안에는 산림보호 면적을 20%로 대폭 줄인다. 개정안은 또 산림 보호 정책권한을 연방에서 주정부로 이관한다. 지역경제개발이 현안인 주정부의 산림보호 의지가 어느 정도일까? 불법 벌목이 줄어드는 시점에서 합법적인 개발이 시작되니 결과는 마찬가지 아닐까?

국제 환경단체인 세계자연보호기금(WWF)은 "아마존 지역에 치명적인 피해를 가져올 것"이라며 산림법 개정 움직임에 반발하고 있다. 브라질 환경운동 단체들도 강력하게 반발하고 있다. 브라질리아에서는 환경, 사회단체, 정치인, 예술인, 학생 등 1,500여 명이 산림법 개정에 반대하는 시위를 벌이기도 했다.

아마존 산림의 넓이는 740만 제곱킬로미터로 지구 표면적의 6%에 해당한다. 남미 8개국에 걸쳐 있는데 60%가 브라질에 있다. 아마존은 전 세계 열대 우림의 절반 정도를 차지하며, 가장 다양한 생명체가 서

식하고 있다. 지금도 매일 새로운 종류의 박테리아나 생명체가 발견
되고 있다.

아마존의 이러한 위치 때문에 아마존 개발은 남미만의 문제가 아니
다. 세계의 허파로 불리는 아마존 보호 노력에 누군들 관심이 없을까?
2011년에는 남미와 유럽이 아마존 환경의 공동연구에 착수했다. 기
후 변화와 벌목 등에 따른 열대 우림의 '사바나화' 가능성과 대책을 연
구하기 위해서다.

세계 최대 폭포
이과수와 국경무역

"오, 불쌍한 나이아가라" 제2차 세계대전 당시 브라질을 방문했던 루즈벨트 대통령 부인이 이과수에서 한 말이다. 옐로스톤, 나이아가라 그리고 그랜드캐니언은 미국의 3대 관광명소다. 3대 명소의 자부심을 여지없이 무너뜨리는 이과수 폭포의 매력은 무엇일까? 도저히 말로 설명할 수가 없다. 오직 체험으로만 느낄 수 있을 뿐.

상파울루에서 비행기로 1시간 이동하여 이과수 폭포가 있는 포스 두 이과수(Foz do Iguaço)시에 도착했다. 소형 버스로 갈아타고 이과수 국립공원을 향해 달렸다. 국립공원 매표소를 지나 산 쪽으로 접어들면서 이내 '우르릉, 우르릉' 하는 이상한 소리가 들린다. 멀리서 뽀얗게 뿜어져 나오는 물안개가 보이기 시작했다. 물안개 쪽을

이과수 폭포

향해 길모퉁이를 돌아섰다. 세 갈래로 떨어지는 커다란 폭포가 눈에 들어 왔다.

'이야, 멋있다' 하는 생각을 하면서 강변에 있는 오솔길로 접근하기 위해 언덕을 내려갔다. 왼쪽 측면에 또 다른 폭포가 나타났다. 오솔길을 따라 폭포가 있는 쪽으로 다가가는 동안 폭포들이 계속 나타나 마치 병풍처럼 펼쳐진다. "대부분 폭포들이 아르헨티나 쪽에 있어요. 그러나 맞은편에서 보아야 하기 때문에, 브라질 쪽에서 보아야 파노라마처럼 펼쳐집니다." 가이드의 설명이다. 크고 작은 275개의 폭포가 환상의 조화를 이룬다.

폭포 위에서 떨어진 물이 바닥에 부딪히면서 산산이 부서져 물보라가 됐다. 은색의 물 가루들이 다시 수십 미터를 솟아오른다. 하얀 물안개가 허공에서 흩어져 영롱한 정오의 햇빛과 만난다. 햇빛이 물보라를 투과하면서 무지개를 그리기 시작했다. 병풍처럼 펼쳐진 폭포들이 제각각 무지개를 만들다 보니 여러 개의 무지개가 부분적으로 겹치면서 어우러진다. 끝이 없이 펼쳐지는 열대 우림의 초록 바탕에 새겨진 새하얀 물보라와 무지개는 장관이 아닐 수 없었다.

열대 우림의 숲을 깎아 만든 조그마한 산길을 따라 폭포 가까이 접근해 갔다. 푸른색, 연보라색 나비들이 숲 사이로 부는 산들 바람을 타고 날아 다닌다. 갑자기 앞서가던 가이드가 멈추어 섰다. 손가락 끝에 침을 바르더니 나비 옆으로 슬며시 내민다. 무슨 이유일까? 나비들이 손가락으로 날아와 앉았다. 한참 동안을 움직이지 않는다.

이때 길 아래쪽의 조그만 낭떠러지 쪽에서 부스럭 소리가 났다. 숲 사이를 보니 조그만 동물 여러 마리가 떼를 지어 돌아다니고 있다. 족제비 같은데 꼬리가 긴 꼬아찌(Coati)라고 한다.

계속 산기슭을 올라갔다. 큰 줄기 폭포물이 집중적으로 떨어지는 절벽의 바로 앞에까지 연결된 1.2킬로미터 길이의 다리로 들어섰다. 다리 끝으로 가서 떨어진 물이 강물과 부딪히는 폭포의 바닥을 내려다보았다. 물의 파편이 다시 튀어 오르면서 소낙비처럼 우리를 덮쳤다. 굉음 소리와 물보라의 급습에 당황하는 관광객들 비명소리가 곳곳에서 들린다. 하늘로 튕겨져 올랐던 물들이 다시 바닥으로 흘러 내려 강물을 이루면서 서서히 하류로 빠져나간다.

'브라질 쪽 폭포는 일출에 보면 가장 멋있다'던 가이드북의 구절이 생각났지만 내일 아침까지 기다릴 수는 없는 노릇이었다. 아쉬움을 남기고 떠났다.

"이과수 폭포의 진짜 맛은 떨어지는 폭포수 밑으로 보트를 타고 들어가는 것입니다. 물의 위력을 실감할 수 있어요. 몇 년 전 폭포 밑으로 갔던 보트가 뒤집혀서 여러 명이 익사한 사건도 있어요. 구명복을 입고, 보트에서 내릴 때까지 조심해야 해요." 가이드가 겁을 주며 설명했다. 그러나 폭포 관광의 백미를 빠뜨릴 수는 없지. 캐나다 나이아가라 폭포에 갔을 때도 배를 타고 폭포 밑으로 접근해서 물세례를 당한 적이 있다. 그때가 가장 기억에 남는다.

폭포 소리를 등지고 강의 하류 쪽으로 나 있는 길을 한참 내려갔다. 이윽고 마꾸꼬 사파리(Macuco Safari) 출발점에 도착했다. 10여 명의 승객을 태운 무개차가 천천히 움직이기 시작했다. "저 나무를 자르면 여러분들이 식당에서 즐겨 먹는 야자수 순(Palmito)이 되지요. 한 번 자르면 다시 자라지 않아요. 나무를 다시 심어야 하지요." 가이드들이 열대 우림지역에 서식하는 동물과 식물들을 소개하는 동안 무개차는 계속 달렸다.

20분 정도나 달렸을까? 드디어 폭포에서 떨어진 물이 흐르는 이과수 강가에 도착했다. 폭포에서 20킬로미터 정도 떨어진 남쪽이다. 폭

이과수 폭포

포의 요동치던 물들도 여기서는 잠잠한 강물이 되어 유유히 흘러내린다. "먼저 비옷을 입으세요. 그 위에 구명조끼를 입으면 됩니다." 안내원의 지시에 따라 모두들 무장을 했다. 그리고 한 명씩 보트를 탔다. 25명이 승선하자 준비 완료.

보트가 천천히 정박장을 벗어났다. 서서히 속도를 내면서 폭포에 접근한다. 모두들 신이 나서 괴성을 지르기 시작했다. 보트가 폭포를 배경으로 사진을 찍기 좋은 곳에 도달했다. "여러분 사진 촬영을 위해 속도를 줄입니다." 안내 방송을 한 후 천천히 몇 차례 작은 원을 그렸다. 그러다 갑자기 가속을 하면서 폭포 밑으로 들어갔다. "악!" 누구랄

것도 없이 동시 다발적인 비명 소리를 내뱉었다. 강력한 물줄기가 머리를 때리는 아찔한 순간, 바닥에서 튀어 오르는 물보라가 얼굴을 덮쳤다. 괴성이 멈추고 조용해지자 정신을 차리고 주위를 둘러보았다. 보트는 이미 폭포 밖으로 빠져나온 이후였다. 주변을 돌아보며 여유를 찾으려는 순간 보트가 다시 폭포 밑으로 들어갔다. 몇 차례 괴성을 지르고 나니 심신이 지쳤다. '빨리 집에 가야지!' 아마 모두 비슷한 생각을 하고 있을 것 같았다.

흥분한 마음을 가라앉히고 잠을 청했다. 그리고 다음날은 아르헨티나 쪽 폭포를 찾아 나섰다. 가이드는 아르헨티나 쪽을 보지 않고는 이과수 폭포를 말할 수 없다며 일정을 소개하기 시작했다. "이과수 폭포의 백미라고 할 수 있는 악마의 목구멍(Devil's Throat)이 있습니다. 200여 개의 크고 작은 폭포들과 숲속의 다양한 산책로가 얽혀 있어 정말 운치가 있지요." 가이드 설명을 들으면서 국경을 건너 아르헨티나 공원관리소에 도착했다. 입장권을 구입하고 모두들 열차를 탔다. 공원관리소와 폭포 간을 연결하는 6량 가량의 창문도 없는 간이 철도다.

약 20분 정도를 달렸을까? "자, 모두들 내리세요." 가이드의 안내에 따라 종착역에서 내렸다. 왼쪽 숲속으로 오솔길이 보였다. 숲길에 들어서자 강물 위로 놓여 있는 트레일이 보였다. 강물에 기둥을 세우고 얇은 철판을 덮어 만든 것이었다. 뜨거운 태양을 맞으면서 강물 위의 트레일을 1킬로미터 정도 걸었을까? 드디어 악마의 목구멍에 도착했

이과수 폭포 악마의 목구멍 부근

다. 아르헨티나와 브라질의 전체 275개 폭포 중 으뜸이다.

700미터 길이의 말발굽같이 휘어진 암반에서 수백 톤의 물이 82미터 아래로 떨어진다. 그러고는 하얀 물보라가 되어 다시 하늘 높이 피어오른다. 폭포수의 굉음이 메아리쳐 귓전을 때린다. 여기에 강한 바람소리까지 가세하여 옆 사람과 대화조차 쉽지 않다.

놀라운 건 폭포의 웅장한 모습뿐이 아니다. 눈을 들어 멀리 보면 끝없이 펼쳐진 짙푸른 열대 우림이 보인다. 아무 생각 없이 내려다보았다. "1분간 보고 있으면 근심이 사라집니다." 가이드의 멘트에 공감하게 된다. "10분간 바라보면 생의 시름을 가져갑니다." 그럴 수도 있겠다 싶었다. "30분간 보고 있으면 당신의 영혼을 가져갑니다"라는 말을 듣고 얼른 눈을 돌렸다. 또 어디에 이렇게 장엄하면서 수려한 곳이 있을 수 있을까? 미국 루스벨트 대통령 부인이 이곳에서 남긴 말이 생각났다. "오, 불쌍한 나이아가라!(Oh! Poor Niagara!)"

떨어지지 않는 발걸음을 돌려 다시 기차역으로 향했다. 기차를 타고 내려가서 아까 지나쳤던 중간역인 카타라타스(Cataratas)에 내렸다. 오른쪽 숲속으로 난 오솔길을 걸어갔다. 이내 갈림길이 나온다. 폭포의 위를 따라 1.2킬로미터를 걸을 수 있는 상부 순환길(Upper Circuit), 그리고 폭포수가 떨어져 강이 되어 흐르는 하단을 따라 1.7 킬로미터 정도 걸을 수 있는 하부 순환길(Lower Circuit)이다.

열대 우림의 향긋한 냄새와 항상 물기에 젖어 있는 촉촉한 땅위를 걷는 발걸음이 경쾌할 수밖에. 더욱이 폭포수 떨어지는 소리와 새소리가 어우러져 하모니를 이룬다. 매일 찾고 싶은 강한 매력이 느껴졌다. 새삼스럽게 이 지역에 사는 사람들이 부럽다. 그들만이 수시로 산책하며 즐길 수 있는 특권을 누리고 있기 때문이다.

다음날 아침 가이드의 안내를 받으며 세계에서 가장 발전량이 많은 이따이뿌댐으로 출발했다. 포스 두 이과수시를 관통하여 북서쪽으로 달려 이따이뿌댐에 도착했다. 공원 안내소에서 댐에 대한 설명을 들었다. "이따이뿌댐은 파라나강물을 막아 만든 사력댐입니다. 길

이따이뿌댐

이가 8킬로미터, 높이가 185미터이며 저수량이 2,010억 톤에 이릅니다. 1975년에 착공해서 1984년에 완공했으며, 14메가킬로와트를 생산하는 세계 최대 수력 발전소입니다. 브라질 전력 소비의 25%, 파라과이 전력소비의 80%를 이따이뿌댐에서 공급합니다." 안내원의 설명이 이어졌다.

안내소 일정이 끝난 후 2층 버스를 타고 댐으로 향했다. 댐이 한눈에 보이는 전망대에서 버스가 멈춰 섰다. "여러분들의 사진 촬영을 위해 잠시 쉽니다." 안내 방송이 나왔다. 버스에서 내린 후 아침햇살을 받아 빛나는 초원의 건너편에 있는 댐을 바라보았다. 댐 중심 부분에 둥근 원기둥이 보였다. "저기에 있는 기둥으로 물이 흘러내리고 낙차를 이용해서 발전을 하지요." 사진 촬영이 끝난 관광객을 모아 안내원이 설명했다. "다시 차를 타면 댐 위를 달려서 파라과이로 넘어 갑니다. 모두들 버스에 탑승해 주세요." 안내원의 요청에 따라 모두 버스를 탔다.

멀리서 바라본 이따이뿌댐의 위용이 세계 7대 건축물로 선정될 만하다는 생각이 들었다. 이따이뿌댐을 건너면서 바라본 물은 바다와 같았다. 끝이 보이지 않는 망망대해라고나 할까. 이렇게 넓은 지역을 물로 덮어버리면 수몰지 피해도 엄청났을 것이다. 강의 하류에는 댐을 쌓아 올리기 위해 돌을 파낸 상처들이 곳곳에 흩어져 있다. 최근에는 브라질에서도 수력발전이 화력발전 못지않은 공해산업이라는 인식이 확산되고 있다니 그나마 다행이라 생각된다.

이과수 폭포에는 연간 100만 명의 관광객이 모여든다. 이따이뿌댐도 1984년 완공 이래 2012년까지 1,600만 명의 관광객이 다녀갔다. 대형관광수요 덕분에 부가서비스가 자연스럽게 발달했다. 열대지방 각양각색의 새들을 볼 수 있는 새 공원도 인기코스이다. 이과수 지역 3개국을 포함하여, 콜롬비아 등 남미 8개국 전통을 맛볼 수 있는 8개국 공연도 있다. 그리고 열대우림의 경관 속에서 즐길 수 있는 골프장까지 관광객의 즐거움을 더해준다. 환율변동과 가격차를 이용하여 와인을 알뜰 구매할 수 있는 쇼핑도 빼놓을 수 없는 즐거움이다.

이과수시에 있는 8개국 민속공연

"이과수 폭포 면세점에서 와인을 사왔지." 여행을 다녀온 사람들의 가장 일반적인 멘트다. 파라과이 쪽 쇼핑은 더욱 깊은 역사와 특색을 가지고 있다. 오랫동안 브라질은 수입을 억제해 왔다. 그래서 모든 상품이 비싸다. 파라과이 방문자들이 전자제품 등을 사오는 이유이다. 여기에 보따리 무역상들이 가세하여 과거부터 국경무역이 매우 발달했다. "이과수 쪽 파라과이 도시는 씨우닷 델 에스떼입니다. 1990년대까지는 아순시온보다 더 중요한 상업지역이었어요. 브라질 사람들이 파라과이에 가서 PC, TV, 오디오와 직물까지 마구 샀거든요. 1인당 500불까지 구매하도록 허용했던 시절입니다. 그런데 브라질이 구매한도를 줄여 왔어요. 지금은 기껏 옷가지나 컴퓨터 악세사리 정도 사 갑니다. 브라질의 국경통제가 심하지 않을 때는 마이아미, 파나마와 씨우닷 델 에스떼가 상품공급 3대 루트였는데….” 파라과이 관광객의 푸념이다.

씨우닷 델 에스떼 이야기를 들으면서 궁금증이 더해졌다. “마지막 남은 하루는 파라과이에 가죠.” 가이드에게 일정 변경을 요청했다. “그러면 250달러를 더 내세요” 가이드의 황당한 요구다. “왜요?” 하고 물었다. “국경도 통과해야 하고, 차도 밀리고 복잡해요”하고 대답한 다. “아니, 어차피 하루 종일 안내하는 대가가 500달러인데… 여기를 가나, 저기를 가나 같은 시간인데 왜 돈이 더 들죠?” 얼토당토않은 말 에 짜증이 나서 물었다. 아쉬웠지만 가이드와 다투기 싫어 파라과이 방문을 포기했다. 3국 국경지대는 유통질서가 이상하다더니, 서비스 요금도 혼란스러웠다. 지역 특색이겠지만 기분이 개운치 않았다.

이과수에서의 이러한 경험은 나만의 일이 아니다. 대부분의 상사 주재원들이 유사한 경험을 이야기한다.

“나도 황당한 경험이 있어. 상파울루에서 이과수까지 버스를 타고 갔다 왔는데, 분명히 침대칸 표를 구입했어. 버스를 타보니 일반석이 야. 16시간을 달리는 동안 엉덩이가 아파서 죽는 줄 알았지. 더구나 밤 차였는데 말야.”

“항공권은 홈페이지에서 직접 구입하는 게 싸. 이과수에서도 가이드 없이 택시를 타고 다니면서 폭포를 구경할 수 있어. 택시비는 싸거든. 브라질 쪽 호텔에서 국경 넘어 아르헨티나 쪽 이과수 공원까지 20달러래."

"대중 버스를 갈아타고 다닌 이과수 관광체험기를 블로그에서 본적이 있어."

사람들마다 경험과 주장이 다양했다. 결론은 가이드에 의존하지 말고 미리 공부해서 자기 앞가림을 하는 것이 편하다는 내용들이다.

파라과이와 인접한 마또그로스 두 술(Mato Gross do Sul) 주에서도 3개국 국경무역의 위력은 실감한 적 있다. 마또그로스 두 술의 주도인 깜뽀 그란지(Compo Grande) 도심에 수입시장이 있었다.

"저기에서 파는 대부분의 전자제품, 의류와 신발 등 일상 생활용품은 파라과이에서 수입한 상품들이예요."

"왜 파라과이서 수입하지요?"

"그쪽에서 값싼 제품들을 쉽게 구할 수 있기 때문이지요. 가끔씩은 사람들이 그룹으로 관광 삼아 파라과이로 쇼핑을 가기도 해요. 여기서 200킬로미터가 조금 넘거든요."

마또그루수 두 술주의 수입도 많이 줄었지만 아직도 국경무역이 계속되고 있었다.

이과수 폭포는 브라질, 아르헨티나 그리고 파라과이 3개국의 국경에 위치하고 있기 때문에 사람들이 떼거리로 모이는 3개국 국경의 특성상 자연스레 국경무역이 발달한 것이다. 그러나 두 얼굴을 가지고 있다. 브라질로 대량의 밀수품이 반입되는 루트로 활용될 여지가 있었던 것이다.

남미 3국 국경지대는 브라질의 포스 두 이과수, 파라과이의 씨우닷 델 에스떼 그리고 아르헨티나의 푸에르토 국경지역 도시를 말한다. 그동안 남미 3국 국경지대는 밀수, 불법복제, 돈세탁 등 비정상 거래가 많은 곳으로 의심 받던 지역이다.

과거 브라질은 이쪽 지역을 통해 유입된 '짝퉁상품'이 범람하는 시장이었다. "브라질 소비자 사용 휴대폰의 20%는 불법 루트를 통해 들어온 제품" 브라질 통신국 자료를 인용한 보도를 보면 알 수 있다. "상파울루와 리오(Rio de Janeiro) 등 대도시 선불요금(Pre-Paid) 가입자가 쓰는 저가 휴대폰은 40%가 비정상적인 반입제품"이라는 조사 결과도 있다. "브라질인 50%가 짝퉁 구매 경험이 있다", "모조품 시장이 연간 65억 달러"라는 조사 결과도 있다.

DVD는 물론, 핸드백, 선글라스 등 패션제품과 유명 브랜드 의류, 심지어 전자제품들도 짝퉁 공세에 시달려 왔다. 상파울루 최대 의류, 잡화 유통 중심지 25번가 매장의 제품들도 의심스러운 경우가 많다. 우리나라 용산 전자상가처럼 전자전기 매장이 모여 있는 산타이피제냐 거리도 예외는 아니다.

다행히 브라질은 유통질서 회복을 위해 노력하고 있다. 남미 3국 국경지대 범법행위 단속의지를 보면 잘 알 수 있다. 브라질과 파라과이의 국경무역질서 회복을 위한 노력이 본격화되고 있다. 양국 국세청, 경찰과 군이 합동작전을 하고 있다. 브라질은 남미 3국 국경지역뿐 아니라 볼리비아, 콜롬비아 등 주변국과의 인적·물적 이동에 대한 관리를 강화하고 있다. 최근에는 위성관측 시스템까지 도입하였다.

국경의 밀반입 단속과 함께 브라질 국내시장의 유통망도 개선하고 있다. 주요도시 유통업체의 짝퉁제품 단속이 좋은 사례다. "상파울루 최대 해적품 퇴치작전", "2주 동안 1,000만 개 불법 복제품 압수" 등의 기사가 2011년 3월부터 등장하고 있다. 경찰은 "3,000톤이 넘는 밀수품 저장창고 폐쇄", "50명 불법 외국인 추방" 등을 발표했다. 2011년 5월에는 재래시장의 짝퉁 거래를 막기 위해 영업자격을 강화하고, 판매제품에 대한 불시 검사 활동을 강화하고 있다.

3국 국경 밀수조직 소탕에 브라질과 파라과이 등 인접국이 공동으로 대응하는 것이 가능한 것은 메르코수르협정 등 경제협력체 덕분이다. 메르코수르협정은 브라질, 아르헨티나, 파라과이와 우루과이 4개국의 합의로 탄생하였다. 협정가입 4개국 간에는 다른 회원국으로부터 수입되는 상품에 대해 관세를 부과하지 않는다. 파라과이산 제품을 관세 없이 브라질로 수입할 수 있다.

이 협정 때문에 3국 국경지역에 변화가 일기 시작했다. 브라질 우회수출을 위한 생산 공장이 파라과이에 생기고 있다. "브라질 기업, 무거운 세금 피해 메르코수르국가로 공장 이전" 2011년 초 브라질 언론의 기사다. 이미 중국산 원단을 수입하여 파라과이에서 재단과 제봉

과정을 거쳐 침대시트를 만든 후 브라질로 수출하는 사례가 있다.

중국의 리판 자동차는 이미 우루과이공장에서 조립한 자동차를 브라질로 수출하고 있다. 캐나다 기업인 리오틴토 알칸사는 파라과이에 25억 달러를 투자하여 알루미늄 제련소를 짓고 있다. 인도 오쇼사도 파라과이에 철강관련 분야 투자를 검토 중이다. 모두 브라질로의 우회 수출을 염두에 둔 계획이다.

최근 파라과이의 정치와 경제 안정도 투자심리를 자극하고 있다. 파라과이는 2010년 15.3% 경제성장률을 기록했다. 외환보유고도 38억 달러로 증가했다. 이러한 분위기를 반영하여 국가 신용등급도 B에서 B+로 올라갔다. 투자환경이 눈에 띄게 개선되고 있는 것이다. "파라과이는 브라질에 비해서 임금이 저렴하고 세금이 낮다. 파라과이에 투자하지 못할 이유가 없다." 파라과이 수출투자청은 자신감을 가지고 강조한다. 파라과이 소득세는 10%로 브라질의 34% 대비 현저히 낮은 수준이다. 자본재 수입에 대해서도 관세를 면제해 준다.

그러나 남미지역에서는 항상 예상치 못한 일이 발생한다. 현지 공장을 지으려면 여러 정보를 수집해서 고민해 보아야 한다. 우선 메르코수르협정의 원산지 규정을 알아야 한다. 파라과이산으로 인정받지 못하면 관세를 내야 하기 때문이다.

메르코수르협정은 부가가치 60%를 원산지 기준으로 규정하고 있다. 파라과이산 부품 구입과 파라과이 공장 직원에게 지급한 인건비 등 비용 합계가 총 원가의 60%를 넘어야 한다. 다시 말하면 파라과이 공장에서 쓰는 한국산 부품의 수입 가격이 제조원가의 40% 미만이어야 한다.

우루과이공장에서 조립하여 브라질에 팔고 있는 리판자동차의 경우가 좋은 예다. 브라질 정부는 리판자동차가 원산지 규정을 준수하는지 조사하고 있다. 중국에서 모든 부품을 가져다가 우루과이에서는 조립만 하는 경우 우루과이 발생 부가가치가 60% 미만일 가능성이 높기 때문이다. 어떤 제품은 원산지 규정을 별도로 정하기도 하기 때문에 주의해야 한다.

그리고 메르코수르 협정상 예외품목을 확인하는 것도 중요하다. 대부분 제품은 메르코수르협정에 따라 관세가 면제되지만 어떤 제품에 대해서는 관세를 면제해 주지 않는다. 브라질은 화학 및 전자관련 많은 제품을 예외 품목으로 정해 놓았다. 파라과이에서 생산해도 이런 화학이나 전자제품은 무관세수입이 안 된다. 협정 가입국들이 자국 산업보호에 필요한 제품을 예외품목으로 정하기 때문이다. 예외품목 리스트는 협정문 부속서로 명시돼 있다.

이런 상황을 종합적으로 고려해 보면 투자비 부담이 적은 분야를 선택해서 현지 공장을 짓는 것이 좋다. 브라질 언론의 분석에 따르면 직물, 철강, 자동차와 기계 및 화학분야 기업들이 공장 이전에 관심이 큰 것으로 나타나고 있다. 우리도 섬유제품, IT나 자동차, 기계 부품을 중심으로 검토해 볼 만할 것이다.

파라과이에는 5,000명 수준의 교민이 거주하고 있다. 한때 4만 명

이상의 교민이 있었지만 브라질 등 인접국으로 많이 옮겨갔다. "파라과이 교민들은 한국인 의식이 강합니다. 어릴 때부터 배워서 한국말을 잘하고 사고방식도 1980년대 우리나라 사람들 같아요." 상파울루 단체장이 들려주는 이야기다. 파라과이 진출에 관심을 가질 수 있는 또 하나의 이유가 될 수 있지 않을까?

원시 생태계
빤따날의 변신

빤따날은 오만의 마시라섬, 미국 노스다코타의 키드 카운티, 루마
니아 다누비 델타, 스페인 카나리 군도와 함께 세계 5대 조류 관찰지
다. 빤따날에 1,000여 종의 조류가 서식한다. 그리고 아프리카 사바나
지역과 함께 가장 다양한 동물을 관찰할 수 있다. 400여 종의 물고기
가 있으며 300여 종의 포유류가 있다. 특히 3,000만 마리 이상의 악어
가 서식하고 있는데 9,000여 종의 하등생명체가 이러한 생태계의 번
식을 받쳐 주고 있다.

빤따날이 다양한 생태계를 형성하게 된 것은 저습지 덕분이다. 큰
호수들이 있고, 파라과이 강으로 흘러드는 미란다강, 니그로강 등 주

빤따날의 수로

요 강과 그 지류들이 거미줄처럼 얽혀 습지를 만들고 있다. 빤따날 지역의 특징은 강 사이의 지역들이 매우 낮고 평평한 초지이며 구릉성 산지들이 조금씩 흩어져 있다는 것이다.

건기에 수면이 내려가면 강과 지류를 따라 물이 흐른다. 그러나 11월부터 4월 사이의 우기가 되면 강물이 4~5미터까지 불어난다. 낮은 초지까지 물에 잠겨 거대한 호수가 된다. 세계 곳곳에 저습지가 많지만 규모는 단연 빤따날이 으뜸이다. 브라질, 볼리비아와 파라과이 3국에 걸쳐 있다. 전체 면적이 23만 제곱킬로미터다. 그중 60%가 브라질에 있다. 브라질 쪽 면적만 해도 남한 면적보다 훨씬 크다.

빤따날의 명성에 반해서 길을 떠났다. 이름 봄에 비행기를 타고 상파울루를 떠나 깜뽀 그란지(Campo Grande)로 향했다. 깜뽀 그란지는 '광활한 초지'라는 뜻이다. 과연 그랬다. 비행기에서 내려다본 공항 주변은 눈 닿는 데까지 초지가 펼쳐져 있었다.

공항에 내려 자동차를 타고 빤따날로 출발했다. 공항을 막 나서는데 맑던 하늘이 구름으로 뒤덮이더니 폭우가 쏟아지기 시작했다. "왜 이렇게 비가 많이 오지요?" 운전을 하는 마르꼬스에게 물었다. "지금이 우기라서 그래요. 항상 날씨가 이렇게 변하죠. 지난주부터 폭우가 오기 시작하네요." 폭우를 뚫고 세 시간여를 달렸을까? 다행히 폭우는 가랑비로 바뀌어 있었다. 차가 우회전을 하더니 '덜커덩' 하고 튀기 시작한다.

간선도로가 끝나고 파젠다(Fazenda, 농장)로 가는 사유지의 작은 길에 들어섰기 때문이다. 물론 비포장도로다. "입구에서 관광안내소는 얼마나 떨어져 있나요?" 덜컹거리는 차안에서 물었다. "6킬로미터 정도 가야 해요." "개인농장인데 그렇게 큰가요?" "이 농장의 크기가 1만 4,000헥타르예요." 마르꼬스가 웃으며 대답했다. 아니! 일개 농장이 서울시만큼이나 크네. 할 말이 없었다.

5분여를 달렸을까? 도로를 따라 소떼가 몰려 왔다. "저건 뭐죠? 왜 소떼가 몰려다니죠?" "소떼의 방목지를 옮기는 중입니다. 일정 기간 소들이 풀을 먹고 나면 풀이 많은 다른 지역으로 이동하지요." 말을

빤따날의 농장 입구 안내표지판

탄 카우보이 2명이 각각 앞과 뒤에서 소떼 수백 마리를 몰고 다녔다. 다시 5분 정도를 달렸을까? 농장건물들이 나타났다. 내가 도착한 곳이 파젠다 샌프란시스코다. 수만 마리 소를 기르면서 벼 농사와 콩 농사를 짓는 목장이다.

워낙 거대한 목장이라 농사를 지으며 생태계체험관광지(Agro-Eco Turismo)도 운영한다. 파젠다 내에서 비교적 높은 지역이면서 평지인 곳에는 벼와 콩 농사를 짓는다. 저지대이면서 평지인 곳은 초지를 조성해서 소를 기르고 있다.

물이 고인 저습지, 물이 흐르는 개울 지역과 구릉성 지역을 중심으로 관목과 잡초 등이 우거진 자연을 보존하고 있다. 브라질 법에 따르면 농장면적의 20%에 대해서는 자연 상태로 보존해야 한다. 농사를 지을 수 없다. 그러나 샌프란시스코 파젠다는 40%를 개발하지 않고 있었다. 사람의 손을 타지 않은 관목과 잡초들 그리고 저습지의 수풀들이 생태계의 다양성을 유지하고 있다.

우리가 파젠다에 도착했을 때 다른 일부 관광객 그룹은 이미 사파리를 위해 떠나고 있었다. 나도 빨리 방을 배정받아 짐을 내려놓고 다음 차례로 출발하는 그룹들과 출발했다. 말로만 듣던 생태계체험관광(Agro-EcoTurismo)이 시작되었다.

무개트럭을 타고 10분여를 달려 강가에 도착했다. 그리고 15명 정도의 사람들과 함께 조그만 배를 탔다. "여러분이 있는 이 물은 미란다강 지류입니다." 우리를 안내하는 마리우의 안내를 들으며 배가 출발했다. "왼쪽 편에 두유유가 있습니다. 빤따날을 상징하는 가장 높이 나는 새지요."

두루미보다 조금 뚱뚱하게 생겼는데, 목 부분에 붉은 줄이 있었다. 조금 지나 건너편 풀밭 위를 지나는 백조처럼 생긴 새를 발견했다. "사진을 찍어볼까?" 생각하는 순간 날개를 쩍 펴고 유유히 걷는다. 덕분에 사진빨이 좋았다. "저 새는 왜 날개를 펴고 걷죠?" 마리우에게 물었다. "날개를 말리는 중입니다." 비를 맞았을 때 많이 하는 동작이란다. "저기 큰 나뭇가지에 있는 것이 푸른색 앵무새입니다." 마리우의 설명이 이어졌다. 출발하는 순간부터 색상도 다양하고 희한하게 생긴 새들이 끝이 없이 나온다. 신기한 맛에 정신없이 사진을 찍었다. 한 시

식인 물고기 삐라냐 모습

간여를 이동하다가 강의 언덕에 배가 정박했다.

"지금부터 낚시를 하며 좀 쉬었다 갑니다." 마리우는 설명을 마치고 낚싯대와 미끼로 잘게 자른 소고기를 주었다. 20명이 낚싯대를 드리웠지만 탄성만 흘러 나왔다. "아이고, 잡았다가 놓쳤네!" 이윽고 1~2명씩 식인 물고기인 삐라냐를 잡아들이기 시작했다.

20여 분이 지났을까? 미끼가 떨어지면서 낚시는 끝났다. 마리우가 잡은 고기를 설명하기 시작한다. 많은 종류의 고기가 있었다. 그중 가장 인상적인 고기는 삐라냐였다. 사람도 물에 빠지면 뜯어 먹는다는 소름끼치는 설명 때문인지 모른다. 삐라냐의 이빨은 정말 날카롭다. 나뭇가지를 물어서 끊는 시범도 있었다. 물고기 쇼를 마치고 배가 왔던 방향으로 돌아서 움직이기 시작했다.

15분여를 왔을까? 갈색 깃털에 흰색 머리를 가진 독수리가 나타났다. "독수리 종류인데 브라질서는 갈버옹 벨로라고 부르죠. 저 독수리가 얼마나 빠른 속도로 먹이를 낚아채는지 보여드리겠습니다." 마리우가 설명을 마치고 특유의 소리로 새들의 관심을 끌었다. 독수리가 쳐다 볼 때 마리우가 고기를 물에 던졌다. 아까 낚은 삐라냐였다. 배에서 던진 고기가 수면에 닿으려는 순간 벼락처럼 날아온 독수리가 낚아채서 하늘로 솟구쳤다. 정말 무시무시한 속도였다.

그리고 20여분을 계속 이동하다 악어를 만났다. "악어가 깨무는 힘은 230킬로그램입니다. 물리는 순간 동물 뼈는 다 부스러져요." 악어의 특성과 동작 등을 설명하면서 다시 아까 낚은 삐라냐를 꺼냈다. 대나무 끝에 낚싯줄로 삐라냐를 묶은 후 물 위에 드리웠다. 악어 2마리가 발견하고 서서히 다가 왔다. 삐라냐 밑에까지 접근해서 눈치를 보던 악어가 삐라냐를 물기 위해 갑자기 점프했다. 하지만 마리우의 손이 빨랐다.

마리우가 막대를 위로 낚아채면서 삐라냐가 팅겨 올라갔다. 고기를 물지 못한 악어의 위아래 이빨이 허공에서 부딪혔다. 퍽 하는 굉음이 강하게 울렸다. 무시무시한 소리였다. 화가 난 물속의 악어를 뒤로 하

삐라냐를 향해 점프하는 악어들

고 출발점으로 배가 거의 돌아왔을 무렵 다른 악어를 발견했다. 지금까지 보았던 악어들은 물속에 몸을 감추고 눈만 밖으로 내고 있었다. 그런데 쟤는 뭐야? 아예 물 밖으로 나와서 입을 벌리고 움직이지 않는다. "악어가 지금 자고 있나요?" "체온 조절을 위해 밖에 나와 있어요. 입을 벌려야 체내로 공기가 들어가서 빨리 따뜻해지지요." 동물도 본능적으로 체온을 관리하는 것이 신기했다.

밤이 되어서는 야간 사파리를 떠났다. "지금부터 이동할 때 절대 소리를 내지 마세요." 우리를 가이드하는 파비우가 주의를 주었다. 습지

위의 길을 따라 무개차가 천천히 달린다. 달리는 트럭의 맨 앞쪽에서 파비우와 다른 한 명이 강한 빛을 발사하는 전등을 좌우로 흔들어 비추며 동물을 찾는다.

차가 출발한지 5분도 되지 않아 들개들이 나타났다. 그리고 이내 설치류 중에 가장 크다는 가피바를 볼 수 있었다. 그러고는 한참을 달려도 아무것도 나타나지 않았다. 이윽고 20여 분을 달렸을까? 나무 위에 앉아 있는 올빼미를 발견했다. 강한 전등불을 비췄는데 미동도 하지 않았다. 사진도 찍고 플래시가 터져도 움직임이 없었다. "올빼미가 먹이를 잡기 위해 매복을 하고 있어요. 올빼미는 소리로 먹이의 움직임을 파악하지요. 먹이가 발견되면 순식간에 잡아챕니다." 파비우의 설명을 들으며 차가 다시 출발했다.

다시 10여 분을 달리다 차가 갑자기 섰다. 엔진도 끄고 불도 껐다. "절대 소리를 내지 마세요." 파비우가 나즈막이 말했다. 5분 정도 지났을까? 파비우가 희미한 불빛을 길에 비추었다. 앞쪽에 조그만 동물이 움직이는 게 보였다. 파비우가 불빛을 조금 높이자 도망가 버렸다. "지금은 멸종위기에 처해 있어서 특별 보호를 받는 들고양이 종류인 오셀릿(Ocelet)입니다. 자세히 볼 기회를 잡지 못했네요." 파비우가 아쉬운 목소리로 말했다.

다시 30여 분을 달리다 차가 길옆에 멈추어 서고 엔진도 껐다. "오른쪽 숲속에 재규어가 있어요. 잘 살펴보세요." 파비우가 말했다. 그러나 아무것도 보이지 않았다. 파비우가 조심스럽게 차에서 내렸다.

주간사파리

숲의 덤불 속으로 조그만 돌을 던졌다. 그러자 얼룩무늬의 재규어가 느린 걸음으로 덤불에서 나와 이동하기 시작했다. 사람들이 사진기를 들이대려는 순간 갑자기 건너편 숲으로 사라졌다. 숙소로 돌아오는 동안에 개미핥기 등 많은 동물들을 볼 수 있었다.

흥미진진했던 야간 사파리를 마치고 다음날 아침 다시 떠났다. 샌 프란시스코 파젠다의 원시림 보호지역을 돌면서 오리, 독수리 등 많은 조류와 동식물의 특성을 볼 수 있는 기회였다. 염색에 이용하는 나무 열매 등 열대지역에 있는 희귀한 식물들도 관찰할 수 있었다.

62

농장길을 따라 오전 사파리를 마친 후 파젠다식 점심을 먹었다. 농장 마당의 벤치에서 사진을 정리하는 동안 마르꼬스가 나타났다. "해지기 전에 보니또로 가려면 서둘러야 해요." 마르꼬스의 재촉을 받으며 아쉬움 속에 샌프란시스코 파젠다를 떠났다. 장님이 코끼리 다리를 만지듯 느껴본 빤따날이다. 그러나 다른 어떤 지역에서도 느낄 수 없는 원시림과 동식물 생태계를 맛볼 수 있었다. 이렇게 광활하고 넓은 지역에 얼마나 많은 종류의 동물들이 살아가고 있을까? "빤따날에 몇 개의 파젠다가 있나요?" 지역사정에 밝은 마르꼬스에게 물어 보았다. "약 2,500여 개 파젠다(Fazendas)가 있어요." "샌프란시스코 이외에도 관광 프로그램을 운영하는 다른 파젠다들이 있나요?" "아라라 아줄을 비롯해 좋은 곳들이 많이 있지요. 이들 파젠다는 호수를 끼고 있어 더욱 다양한 것을 볼 수 있어요." 마르꼬스는 생태체험관광에 관심이 많고 좀 더 시간을 쓸 수 있다면 가볼 만한 파젠다들이 많다고 강조했다. 이렇게 많은 동식물을 가까이서 볼 수 있는 것은 분명 색다른 경험이다. 세계 각지의 유명 사진작가들이 빤따날을 찾는 이유를 짐작할 수 있었다.

빤따날(Pantanal)과 보니또(Bonito)를 동시에 찾는 것은 매우 중요한 의미를 가진다. 160킬로미터에 불과한 짧은 거리지만 판이하게 다른 기후와 지형을 경험할 수 있기 때문이다. 빤따날은 습지여서 생명체가 다양하고 풍부한 먹이가 있다. 자연스럽게 많은 새와 동물이 모여 산다. 그러나 보니또는 고온건조한 세하두(아프리카의 사바나 같

은 기후)지역이다. 우기에 비가 오지만 많이 오지는 않는다. 항상 건
조한 고온지역이다. 동물이고 식물이고 생존 자체가 어렵다. 일년의
반을 물속에 잠겨 지내는 빤따날과는 정말 대조적이다.

　빤따날에서 보니또까지는 거리가 멀지 않았다. 그리고 경관이 뛰어
난 구릉성 산지였다. 자동차에서 보내는 오후가 결코 지루하지 않았
다. 달리는 차안에서는 변해가는 기후의 영향을 느낄 수 없었다.
　보니또로 이동하는 동안 보니또의 특징과 내일 돌아 볼 지역에 대
해서 마르꼬스가 설명을 이어갔다. "보니또 지역은 석회암층이 발달
해 있어요. 오랜 세월 동안 물이 지하로 스며들면서 지층이 녹아서 만
들어진 동굴이 많습니다. 그리고 단층작용으로 만들어진 절벽 같은
특이한 지형도 많죠. 구릉성 산지를 끼고 있다 보니 강들도 많이 있어
요. 보니또에는 맑은 물이 흐르기 때문에 스노클링 등 물놀이를 하기
에 가장 좋은 조건입니다. 보니또에는 이렇게 다양한 지형과 열대어
가 분포하고 있어 36가지 관광코스가 있어요." 보니또에서 8년째 살
고 있다는 마르꼬스는 신이 나서 설명을 이어 갔다. 1996년부터 관광
지가 개발되었는데 벌써 연간 20만 명 이상이 찾는 명소가 되었다는
자부심을 가지고 있었다.
　보니또에서 마르꼬스와 가장 먼저 찾은 곳은 붉은 앵무새가 서식
하는 웅덩이(Braco da Arara Vermelho)다. 공원안내소에서 올리비에
라가 우리를 맞이했다. 공원의 지도 앞에서 우리가 돌아볼 코스를 설

고온 건조한 세하두 지역 나무껍질

명한 후 웅덩이를 향해 떠났다. 10여 분을 갔을까? 조그만 나무 그늘 밑에서 잠시 걸음을 멈추고 세하두 지역의 특징을 설명하기 시작했다. "건조한 날씨에 36도 이상의 고온상태가 지속되지요. 식물도 생존을 위해 몸부림칩니다. 이 나무를 보세요. 껍질이 심하게 갈라져 있지요? 나무 표피의 물이 증발하는 것을 막기 위해서입니다. 저 나무를 봐요. 꾸불꾸불 꼬면서 자라지요? 나뭇잎으로 햇빛이 나무줄기에 닿는 것을 막기 위해 몸을 꾸부리며 자라는 것입니다." 올리비에라는 설명을 이어갔다. "저기 선인장을 보세요. 귀한 물을 몸에 저장하고 강한 열기와 햇빛을 견딜 수 있어야 생존할 수 있습니다." 멀리서는 숲으로 보였지만 가까이서 보니 모두가 사막성 식물들이었다. 살아남기 위한 식물들의 처절한 몸부림이 느껴졌다.

이윽고 웅덩이에 도착했다. 지름 160미터나 되고 깊이가 100미터에 달하는 거대한 모래 암석으로 만들어진 웅덩이다. 지하의 석회암층이 녹아 없어진 후 지표면이 내려앉아 절벽 웅덩이가 형성된 것이다. 앵무새가 떼를 지어 날아다니는 집단 서식지다.

"붉은 앵무새 서식지가 된 것은 두 가지 이유 때문이죠. 먼저 먹이입니다. 붉은 앵무새는 나무 열매를 먹고 사는데 이 지역 주변에 열대 식물의 과일들이 많이 있어요. 그리고 앵무새는 암벽의 동굴에 삽니다. 보니또 지역에 암벽들이 많아서 서식에 장점이 있어요." 공원 소속 가이드인 올리비에라가 설명했다.

"그런데 왜 공원의 저쪽 건너편에 초지가 있죠? 소들도 많이 있던데?" 고온건조해서 식물이 자라지 못한다는 말과 맞지 않아 물어 보았다. "인공적으로 관리하는 초지예요. 세하두의 식물과 나무를 모두 밀어 버리고 고온건조한 기후에 잘 견디는 잔디를 심어 초지를 조성했지요. 건기에는 인공으로 물도 줍니다. 목축으로 경제는 발달하지만 환경파괴가 심해요. 그래서 저는 소고기를 먹지 않아요." 올리비에라는 인간과 자연의 공존이 어렵다고 열심히 설명했다.

이어서 마르꼬스는 우리를 푸른 호수 동굴(Gr. Lago Azul)로 안내했다. 동굴 속의 호수가 푸른색이어서 정말 인상적이었다. 석회암층

붉은 앵무새 집단 서식지

이 물에 녹아 형성된 동굴이다. 동굴 상단의 일부를 절개해서 사람들이 드나들 수 있는 입구를 만들어 놓았다. 입구에서부터 40도 각도로 가파른 갈지자 내리막길을 따라가서 동굴 바닥의 호수에 도착했다.

　우리가 동굴에 도착했을 때의 시간은 아침 8시 30분 정도였다. 시간에 맞추어 동굴을 찾은 이유가 있다. 하늘의 태양이 70도 각도에서 비추어야 동굴 속으로 파고들어 바닥의 호수 물을 비추게 된다. 각도가 작거나 커지면 동굴 벽에 막혀 햇빛이 바닥의 호수 물을 비출 수 없다. 호수물이 햇빛을 받아야 푸른색을 띄게 된다. 햇빛을 받지 못하면 검은색 물로 보이게 된다. "왜 물색이 푸른색이지요? 물이 깊지도 않은데 바다보다 푸른 것 같네요." 마르꼬스에게 물었다. "물에 마그네슘이 다량 함유돼서 그래요. 물을 떠서 보면 그냥 무색의 맑은 물인데 마그네슘 성분이 햇빛을 받으면 푸르게 보이지요." 마르꼬스의 설명이 믿기지 않았다. 두 손을 모아 물을 한 움큼 떠 올렸다. 정말 무색의 물이었다.

"보니또가 세하두 지역이지만 다행히 이쪽을 관통하는 3갈래의 강들이 있어요. 산에서 흘러내리는 강물이 맑아서 놀랄 겁니다. 빤따날에서 보았던 황톳물과는 완전히 다릅니다. 맑은 강물 덕분에 물속에 사는 열대성 수초와 열대어를 볼 수 있지요. 은색강에서 스노클링을 하며 열대어를 보고 나면 평생 잊지 못할 겁니다." 마르꼬스의 설명을 들으며 은색강으로 갔다. 은색강의 스노클링 지역을 관리하는 공원 사무소에서 입장권을 샀다. 많은 관광객이 밀려 있어서 3시간을 기다려야 한다는 안내를 받고 공원으로 들어섰다. 다행히 3시간이 길게 느껴지지는 않았다. 맛난 브라질 농장식 점심을 먹고 그늘에 매어 놓은 해먹에 누워 있는 동안 어느새 출발할 시간이 되었다.

다이버들이 입는 고무로 된 수영복을 입고 함께 스노클링을 할 10여 명이 무개차를 탔다. 5분여를 달렸을까? 모두들 자동차에서 내리고 도보로 숲속으로 들어섰다. 우리들이 이동해 가는 숲은 높이가 10미터 이상 자란 나무들이 뒤덮고 있는 숲이었다. 숲속에서는 하늘이 잘 보이지 않을 정도로 나무들이 울창했다. "세하두 지역은 고온건조해서 깡마르고 키 작은 나무만 있던데 여기는 왜 이렇게 큰 나무가 있

스노클링을 시작하는 장면

지요?" 스노클링 가이드에게 물었다. "강 주변 지역은 수량이 풍부해요. 덕분에 나무들이 잘 자라지요. 사막으로 치면 오아시스 같은 곳입니다." 나무를 관찰하면서 10여 분 이동해 드디어 강가에 도착했다.

"모두들 물안경을 쓰세요. 그리고 천천히 물속으로 들어오면 됩니다." 가이드의 안내를 받으며 물속으로 들어섰다.

"강물이 흘러가기 때문에 가만히 있어도 자연스러운 속도로 떠내려갑니다." 가이드의 설명을 들으며 호스를 입에 물고 물 위에 엎드렸다. 정말 물결을 따라 자연스럽게 아래쪽으로 흘러가기 시작했다.

"야, 이거 완전히 수족관을 보는 기분이네!" 물속의 열대어를 바라보자 저절로 탄성이 흘러 나왔다. 형형색색 물고기와 수초의 아름다움은 말로 설명할 수 없을 정도였다. 체험만이 이를 느낄 수 있는 유일한 방법이다. 강물이 은색이라 하여 이름 붙여진 은색강(Rio da Prata)의 스노클링 체험은 이미 브라질에 잘 알려져 있다.

"은색강의 스노클링이 어떠셨어요?" 일정을 마치고 호텔로 돌아가는 길에 마르꼬스가 운전을 하면서 물었다. "정말 인상적이었습니다. 다른 사람들에게도 꼭 권해야 할 것 같아요." 나는 아직도 상기된 목소리로 대답했다. "은색강도 좋지만 수꾸리강(Rio do Sucuri)은 굴곡이 심하고 수초가 많아서 더욱 좋아요. 내년에 또 오세요. 수꾸리강에서 스노클링을 하면 더욱 감탄할 겁니다." 마르꼬스가 넉살을 떠는 사이에 호텔로 돌아왔다.

다음날 마르꼬스의 차를 타고 고속도로에 들어섰다. 상파울루행 비행기를 타기 위해 깜뽀 그란지(Compo Grande)로 가는 길이다. 가만히 생각해 보면 미국 켄사스주의 고속도로를 달릴 때 가도 가도 끝이 없는 옥수수밭은 가히 충격적이었다. 그러나 브라질 마또그로스 두술주의 광활한 초지와 콩밭은 더욱 인상적이다. 고속도로를 따라 몇 시간을 달려도 끝없이 초지가 이어진다. 초지에서는 흰색 소들이 풀을 뜯고 있다.

"웬 소가 저렇게 많아요?" 운전 중인 마르꼬스에게 물었다. "마또그

베한찌를 메고 있는 카우보이의 소떼 몰이

로스 두 술주 인구가 약 200만 명인데, 소가 2,000만 마리정도 되요."
웃으며 대답한다. 한 시간 정도를 달렸을까? 하얀 소떼가 아예 도로
를 완전히 점령하고 어슬렁거리며 내려 왔다. 도로를 달리던 차들이
모두 멈춰 소떼를 보고 있다. 베한찌(Berrante, 소뿔로 만든 관악기)를
메고 있는 카우보이들이 소떼를 몰고 있었다. "뭐야 저건?" 황당해서
마르꼬스에게 물었다. "파젠다 주인이 저 소떼를 팔았을 거예요. 소를
산 사람들이 가져가는 중입니다." 아니! 옛날 미국 서부영화에서 본
카우보이들 같네. 물론 브라질 버전이지만. "저렇게 해서 하루에 10킬
로미터를 이동하지요. 대부분 40일 내지 70일을 이동하면 목적지에

도착해요."

　트럭이나 다른 운송편으로 소고기를 나르기 좋은 지역으로 몰고 가는 중이라고 설명했다. 10여 분 정도 차를 둘러싼 소떼가 지나가기를 기다리다 다시 출발했다. 초지를 지나면 콩밭, 콩밭을 지나면 옥수수밭이 이어진다. 그러더니 깜뽀 그란지에 다가갈 때쯤 유칼립투스 숲이 나타났다. "저 나무가 왜 여기 있지요?" 나는 유칼립투스가 상파울루 남쪽의 온대성 나무로 알고 있었다. 난데없이 열대성에 가까운 세하두에 있으니 황당했다. "새로운 수입원이죠. 저 나무는 펄프 생산에 가장 좋은 수종이라 수익성이 있어요. 마또그로스 두 술에 사는 일본계 사람들은 양계 또는 과일과 야채 재배로 재미를 보고 있어요." 마르꼬스는 브라질 사람들도 수익성이 높은 쪽으로 농업을 발전시키고 있다고 설명했다.

　분명 브라질 내륙의 세하두 지역과 아프리카의 사바나 기후는 곡창지대가 아니다. 우기가 있기만 비가 충분하지 않다. 그리고 건기에는 나무와 풀들이 마르는 고온건조한 기후대이기 때문이다. 쓰러져 가는 고목나무, 말라 가는 물웅덩이 그리고 억센 풀들이 바람에 휘날리는 지형. 외로운 사자가 포효하며 먹이를 찾아 어슬렁거리다 쓰러지는 아프리카 사바나를 모두 알고 있을 것이다. 브라질의 세하도 지역이 바로 아프리카의 사바나와 꼭 같은 기후와 지형이다. 고온건조한 기후와 산성토양 때문에 콩과 같은 작물이 자랄 수 없는 곳이다. 브라질에서 콩과 같은 농작물은 열대성 기후 지역을 벗어난 파라나주 등 남쪽의 3개주에서 재배해 왔다. 마또그로스 두 술주의 농업이래야 빤따날의 일부 제한된 초지를 이용하여 목축을 하는 정도가 고작이었다.

그러나 브라질은 기술 개발을 통해 세하도를 곡창지대로 바꾸었다. 농업 부문에서 혁신적 변화가 일어난 것이다. "브라질 농업의 기적" 영국 〈이코노미스트〉 기사가 실증적으로 뒷받침한다. "브라질이 열대지역 국가로는 처음으로 농업강국으로 부상했다" 〈이코노미스트〉의 보도내용이다. 〈이코노미스트〉는 브라질이 미국, 캐나다, 호주, 아르헨티나와 EU의 5대 농업대국에 도전장을 낸 국가라고 소개했다. 마또그로수 두 술주와 마또그로스주, 그리고 고이아스주 등 농사 불모지였던 세하도 지역을 농업 중심지로 탈바꿈시키는 데 성공한 덕분이다.

세하도를 옥토로 바꾼 것은 엠브라파(브라질 농업기술 연구원)의 작품이다. 브라질 정부는 농업 생산력 제고를 위해 엠브라파를 1973년에 설립하였다. 30년 동안의 연구 개발을 통해 누구도 믿지 않았던 기적을 이루어 냈다. 세하도를 옥토로 바꾼 것이다. 엠브라파는 인과석회를 이용하여 산성 토양을 중성화시켰다. 종자개량을 통해 온대성 기후에서 자라는 콩을 열대성 기후에서 자라도록 변형시켰다.

이러한 노력 덕분에 마또그로스 두 술주의 북쪽에 위치한 마또그로스주는 세계 최고 수준의 콩 생산지가 되었다. 이제는 브라질의 콩 생산이 미국을 추월하였다. 이제 브라질은 세계 2위 콩 수출국이다. 농업불모지였던 마또그로스주가 대두, 옥수수 그리고 쌀과 같은 곡물을 생산하는 3대 곡창지대로 부상하였으니…. 마또그로스주가 전통적인 브라질 농업지역인 남부의 파나라주, 히오그란지 두 술주와 함께 브라질 곡물 생산의 20%를 담당하는 3대 곡창지대가 된 것이다.

마또그로스주 동쪽에 붙어 있는 고이아스주도 전역이 세하두 지역이다. 브라질 수도 브라질리아가 고이아스주에 있는데, 건기에 방문하면 거칠고 붉게 타버린 잡초로 뒤덮여 있다. 삭막한 느낌이 드는 지역이다. 그러나 이런 고이아스주의 척박한 땅도 마또그로스 두 술주, 마또그로스주와 같이 농업 중심지로 탈바꿈한 지 오래다. 고이아스주는 브라질 전체 곡물의 10%를 생산하고 있다. 기술 개발을 통해 곡물뿐 아니라 야채, 과일과 해바라기를 생산하고 닭과 같은 가금류까지 기르고 있다.

고이아스주 농업을 직접 체험할 기회가 있었다. 산업연맹 사람과 콩을 재배하는 농장을 찾은 것이다. 광할한 지역이 싹이 터져 나오는 작물들로 뒤덮여 있었다. "무슨 작물인가요?" 농장주에게 물었다. "전부 콩이에요." 보면 모르냐는 듯한 대답이다. "이 농장의 면적은 어떻게 되나요?" "약 3,000헥타르 정도 됩니다." "몇 명이 일을 하죠?" "상시적으로 일하는 사람은 4명이고 수확기에는 6명 정도를 임시로 더 고용하여 씁니다." 대답을 하고는 트랙터와 장비들을 가리켰다. "저 기계들 덕분이지요."

나하고 같이 방문한 트랙터 수출업체를 쳐다보았다. "중서부 지역의 수요가 엄청나네요?"하고 물었다. "우리나라 트랙터는 소형이라서 안돼요. 이 사람들은 초대형으로 특수제작해서 쓰고 있죠. 워낙 넓은 토지라서…." 난감한 표정으로 대답한다. "이렇게 콩을 많이 재배하면 어떻게 팔아요?" 시골 농사꾼들의 판매능력이 궁금했다. "분기(Bunge) 같은 세계 메이저들이 사갑니다." 의외의 대답이다. "곡물은 가격등락이 심한데 수익예측이 되나요?" "예상수확량의 70% 정도는 시카고선물시장 가격으로 파종 전에 먼저 팔아요." 한국은 그렇게 하지 않느냐는 듯한 표정으로 대답한다. "고이아스는 내륙 한복판인데 소비지까지 운송은 어떻게 하죠?" "생산지 근처에 있는 창고까지만 가져다주면 돼요." 자신들은 농사에 전념하고, 물류는 메이저 몫이라는 부연 설명도 한다. 가장 첨단화된 생산 방식이었고, 합리적인 유통업체와의 역할 분담이 인상적이다.

이렇게 광활한 농장을 보고 돌아오는 길에 고속도로 주변 저 멀리 구릉지에 희끗희끗한 물체들이 보였다. "저기 저게 뭐죠?" 산업연맹 직원에게 물었다. "농장에서 기르는 소들이죠." "브라질 소는 흰색인가요?" "등에 혹이 튀어 나와 있는 인도에서 온 소들입니다." 대답이 또 다른 궁금증을 자아내게 한다. "왜 인도 소가 브라질에 와 있지요?" 나의 질문이 그들의 자긍심을 자극하기에 충분했다. 목축업을 장려하기 위한 브라질의 기술개발 노력을 설명하기 시작했다. "엠브라파가 아프리카에 있는 풀을 개량하여 브라질 열대성 기후에 견디는 초지를 만들었어요. 그리고 브라질 환경에 적응하도록 인도산 소의 종자를 개량해서 보급했지요." 아프리카에서는 사자가 낮잠이나 자고 있는 곳이 사바나 기후지역이다. 그런데 브라질에서는 소떼가 몰려다니고 있는 것이다.

기술개발 덕분에 브라질의 목축업도 급속히 발전하고 있다. 브라질 중서부에서는 빤따날의 초지에서나 방목하던 소들이 빤따날주 전역으로 확산되었다. 뿐만 아니다. 마또그로스주와 마또그로스 두 술주 그리고 고이아스주 등 인근주로 확산되었다. 마또그로스주의 세하두 지역만 해도 2,700만 마리의 소떼가 자라고 있다. 그래서 브라질이 세계1위 쇠고기 수출국이 되었다. 엠브라파는 영농기술과 목축기술을 결합하여 유기농 기술을 개발하고 있다. 작물 재배지에 목축을 하고 동물의 분뇨를 이용하여 다시 작물을 재배하는 순환기법이다. 인공비료보다는 자연 퇴비를 이용하는 아이디어가 돋보인다.

브라질의 농업 생산력이 수직상승하면서 눈독을 들이는 주변 국가들이 많다. 대표적으로 중국을 들 수 있다. 브라질 농산물 확보를 위해 여러 가지 노력을 하고 있다. 중국의 농산물 구매량이 워낙 많다 보니 벌써 미국이나 유럽의 곡물 메이저와 경쟁하고 있다. 대규모 농장과 입도선매 계약은 기본이다. 장기적으로 농산물을 확보하기 위해 농지의 구매에도 적극 나서고 있다. 마또그로스주, 고이아스주, 바이아주, 히오그란지 두 술주 등 곡창지대를 휘젓고 다니는 중이다. 고이아스주와 바이아주에서는 이미 많은 땅을 사 들인 것으로 알려지고 있다.

중국의 싹쓸이 쇼핑에 브라질 정부의 마음도 편하지는 않다. 브라질 정부는 공식적으로 외국인이 보유한 토지가 4만 3,000제곱킬로미터, 브라질 사람을 대리인을 내세워 사들이는 토지까지 합하면 25만 제곱킬로미터로 파악하고 있다. 외국인이 소유한 토지가 남한 면적의 2.5배에 달하는 셈이다. 사태가 이쯤 되자 브라질 정부는 외국인의 대규모 토지구매를 제한하기 위한 입법을 추진 중이다. 외국기업이나 외국인이 토지를 살 때 5헥타르를 넘어서면 브라질 정부의 승인을 받도록 하는 법안이다. 구매 규모가 50헥타르를 넘으면 의회의 승인을 받도록 더욱 엄격히 규제하겠다는 입장이다.

브라질이 농업강국의 면모를 갖추어 가고 있지만 넘어야 할 장애물도 많다. 체계적인 위생검역 시스템을 갖추는 것이 필요하다. 미국, 유럽 등 선진국 시장에 쇠고기를 수출하기 위해서는 소들의 연령추적과 병력관리가 필요하다. 소 귀에 RFID 태그를 부착하여 관리하는 것이 일반적이다. 이미 브라질의 많은 농장들이 RFID 태그를 이용해 소의 연령을 추적하고 있다. 그러나 RFID 사용 경험이 일천하여 데이터 관리 체계가 충분하지 못하다. 우리나라 기업에서도 관련 분야 프로젝트에 참여하고 있다. 농업분야 관리기술 제공은 우리기업들에게 새로운 비즈니스 기회가 될 것이다.

브라질의 낙후된 인프라도 경쟁력을 저하시키는 요인이다. 특히 마또그로스주, 고이아스주 등 신흥 곡창지대들은 내륙에 있어 운송비 부담이 크다. 그리고 메이저가 아니면 수확기에는 철도나 선박 등 대량 수송 수단을 확보하기 어렵다. 또한 저장시설도 부족하다. 대량으로 수확은 했지만 실어낼 교통편도 마땅치 않고, 40도나 되는 뜨거운 직사광선 속에 곡물을 방치하는 것은 분명히 현명하지 않은 짓일 것이다. 마또그로스주는 중국 등 외국 기업들이 땅에만 투자할 것이 아니라 인프라에 투자하기를 원한다. 장기적으로 브라질 곡물을 확보하기 위해서는 토지구매와 물류확보를 위한 투자가 병행되어야 할 것이다.

PART 02

격변기를 겪는
낭만과 축제의 도시들

Brazil

산업화되는 브라질의 발원지 살바도르

"여기가 봉핑입니다." 우리를 안내하던 히까르도가 차를 세우며 말했다. "봉핑(Bom Fim)이 무슨 뜻인가요?" 발음이 특이해서 물었다. "'좋은 끝'이라는 뜻이지요. 포르투갈 선원들이 아프리카에서 노예를 태우고 브라질에 오던 중 풍랑을 만나 죽을 뻔했던 사건에서 유래해요. 괴로운 파도와의 싸움이었지만, 마침내 육지에 도착한 곳이 여기죠. 어려움을 극복한 환희를 기념하기 위해 이곳에 성당을 세웠어요. 그래서 이 성당은 행운의 상징이 되었지요. 1월에는 이곳에서 봉핑 카니발도 열립니다."

성당의 규모도 크고 내부의 화려한 장식은 유럽의 어느 성당 못지않았다. 그리고 성당이 바닷가의 경치 좋은 언덕 위에 있었다. 성당의 정문 앞에서 바라보는 대서양은 마치 고요한 호수 같았다. "저기 왼쪽을 보세요. 언덕 위에 많은 집들이 있지요. 바이아주에 있는 흑인들의 집단 거주 지역입니다. 아프리카에 있는 웬만한 도시보다 저기 거주하는 흑인 인구가 많아요." 가이드가 가리키는 쪽을 보았다. 성당 건너편 바닷가에 촘촘하게 붙여 지은 집들이 보였다.

성당의 앞마당에는 전통 공예품을 파는 행상들이 모여 있었다. 대부분의 행상들은 흑인들이었다. 나무를 깎아 만든 특색 있는 액세서리도 있었다. 그러나 특별히 눈길을 끄는 상품은 없었다. 다만 행상들 사이를 휘젓고 다니는 특이한 복장의 흑인들을 발견했다. 바이아주는 브라질 속의 아프리카라는 말이 실감났다. 인증샷을 찍어야겠다는 생각이 문득 들었다. '분명히 저 사람들이 돈을 달라고 하겠지' 하는 생각에 2헤알짜리 지폐 하나를 지갑에서 꺼냈다. 다른 손으로 바꿔 쥐고 바지의 뒷주머니에 슬쩍 넣었다. 그리고 그들을 불렀다.

나와 눈이 마주치자 순식간에 먹이를 본 매처럼 네 명이 달려들었다. 두 명이 양옆에 서더니 나뭇가지를 나의 팔꿈치에 대고 흔들어 댄다. 다른 한 명은 정면에서 내 머리에 쌀을 뿌렸다. 왠지 불결한 느낌에 도망을 가려고 했다. 순간 앞에 있던 또 다른 사람이 조그만 분무기로 내 얼굴에 물을 뿌렸다. "아니, 이런!" 본능적으로 소리쳤다. 손을 내저어 그들을 만류하고 사진이나 찍자고 했다. 그들과 함께 포즈를 취하고 찰칵 사진을 찍었다. 그들에게 인사를 하고 떠나려는 순간. 아니나 다를까 돈을 달라며 동시에 8개의 손이 뻗쳐왔다. 얼른 뒷주머니

봉핑 성당에서

에서 2헤알짜리를 꺼내서 누구의 것인지 모를 손에 얹어 놓고는 돌아
서서 히까르도를 향해 춤춤히 걸어갔다.

"저 사람들 하는 짓이 이상하지 않아요? 왜 불결하게 나뭇가지를
몸에 문지르고 쌀을 뿌리죠?" 히까르도에게 물었다. "저 사람들 깐동
블레를 믿는 사람들이요. 당신에게 좋은 일이 있으라고 하는 것이니
언짢아하지 마세요." 깐동블레는 아프리카에서 유래한 자연신을 믿
는 토속신앙이다. "천주교의 나라 브라질과 어울리지 않는 종교 같네
요." "브라질의 유명 방송인인 '슈사' 같은 사람도 깐동블레 신자래요.

어설픈 미신으로 속단하지 마세요." 히까르도가 애써 설명했지만 기분이 계속 찝찝한 것을 어찌하랴. 아까 쌀을 뿌린 기억이 나서 머리카락을 만져 보았다. 아니나 다를까, 쌀들이 떨어지지 않고 머리카락사이 여기저기에 걸려 있다. 손가락으로 빗질을 해서 떨어내느라 한참 난리를 피웠다.

봉핑을 떠나 약 20분 정도 달렸을까? 살바도르시의 다운타운에 도착했다. 살바도르시는 바이아주의 수도인데 1549년에 탄생했다. 포르투갈 사람들이 가장 먼저 바이아주로 들어 왔고 여기를 중심으로 퍼져 나갔다. 이들이 처음 정착한 인근 9개주를 북동부 지역이라 한다. 아프리카와 유럽 쪽을 면하면서 90도로 꺾어진 지역을 말한다. 바이아주와 그 위에 있는 페르남부꾸주가 핵심을 이룬다. 브라질은 동북부 지역의 사탕수수 농업 덕분에 번성하기 시작했다. 그러니 살바도르가 브라질 최초의 수도가 된 것은 너무나 당연하다. 브라질 동북부지역에서는 흑인노예를 이용하여 사탕수수 농사를 지었기 때문에 많은 흑인노예가 수입되었다. 아프리카에서 살바도르를 통해 수입된 노예들이 다른 지역의 플랜테이션 농장으로 퍼져나갔다.

사탕수수밭의 흑인 수요가 얼마나 많았으면 아프리카에서 신대륙으로 온 흑인들의 37%가 브라질로 왔을까? 이렇게 많은 흑인들이 거쳐 가고 정착했기 때문에 살바도르는 지금도 흑인 인구가 가장 많은 도시다. 도시 구석구석에 아프리카 문화의 뿌리가 깊이 박혀 있다. 아프리카 종교에서 유래한 깐동블레, 아프리카 음악에 뿌리를 두고 있

살바도르 구시가지

는 삼바, 그리고 까뽀에이라 같은 무술을 보면 잘 알 수 있다. 아프리카 사람이 주류를 이루고 있지만 건축물들은 또 다른 모습니다. 포르투갈풍의 고색창연한 건축물들이 즐비해 있다. 이러한 문화적 다양성 때문에 살바도르는 리오 데 자네이로와 함께 관광객들이 가장 많이 찾는 도시이다. 2월 카니발 때는 200만 명의 관광객이 몰린다.

살바도르의 다운타운은 크지 않았지만 웅장한 맛은 있었다. 어떤 건물들은 낡아서 무너져 내리고 있었다. 그럼에도 불구하고 세파에 시달리고 이끼가 끼어 있는 중세 포르투갈풍의 석조건물들은 과거의 화려함을 전해주기에 충분했다. 미주대륙의 다른 도시에서는 느낄 수 없었던 특별한 운치가 느껴졌다. 캐나다의 퀘벡시에서나 느껴 볼 수 있었던 것 같은 고색창연함이다.

히까르도는 시내 중심가에 있는 시장(Marcado Moda) 앞에 차를 세웠다. 꽤 규모가 큰 2층짜리 상가였다. 시장에 들어서는 순간 눈이 의심스러웠다. 옷들도 흰색이나 우리에게 익숙하지 않은 얼룩덜룩한 디자인과 색상이다. 곱슬머리 모양의 목각 인형과 두툼하게 굵은 반지 그리고 둥글고 길게 늘어진 디자인의 귀걸이가 즐비해 있다. 말하지 않아도 아프리카풍임을 느낄 수 있다. 아니나 다를까 아프리카의 상징으로 여겨질 만한 타악기들을 진열한 상점들이 나타났다.

시장을 둘러보고 허기를 달래기 위해 바이아주 전통 음식점인 무께까 식당으로 갔다. 식당에 들어서려는 순간 예상 밖의 분위기에 놀랐다. 모두 흑인 종원업들이었다. 지금까지 브라질에서 보지 못한 독특한 의상을 입고 있다. 아프리카풍이 유입되어 브라질화된 바이아의 전통 의상이란다. 이윽고 음식이 나왔다. 무께까는 우리나라의 생선 매운탕 같은 음식이다. 바다에서 잡은 각종 해물을 넣고 오랫동안 끓여 만든다. 브라질 사람들은 쌀밥 위에 무께까를 끼얹은 후에 매운 소스를 쳐서 먹었다. 매운 맛이 탁 쏘면서도 감칠맛이 있었다. 의외로 우리 입맛에 맞았다.

점심을 먹고 다시 도로변으로 나왔을 때 많은 사람들이 줄 서 있는

무께까

타워를 발견했다. "저게 뭐죠?" 이상해서 히까르도에게 물었다. "다운 타운 바로 뒤쪽에 있는 펠로링요(Pelourinho)를 올라가는 엘리베이터예요. 우리도 위로 한번 올라 가 볼까요." 언덕 위를 올라가 보니 야산의 정상 부분을 깎은 듯 제법 넓은 지형이었다. 여러 개의 성당이 있고 시청 등 공공건물이 있다. 그리고 건물들 사이에 조그만 광장들이 있는 공공장소였다. "여기서는 성 프란시스코 성당이 제일 유명해요." 히까르도의 안내에 따라 광장 앞에 있는 성당으로 갔다. 봉핌에서 보았던 것처럼 화려한 조각으로 장식된 웅장한 건물이었다. 건물의 웅장함과 화려한 내부장식을 통해 당시 살바도르가 얼마나 부자도시였는지 금세 알 수 있었다. "지금 우리가 서 있는 성당 앞의 이 광장은 죄 지은 사람들을 체벌하던 장소였어요." 동행하는 다른 그룹의 가이드 소리가 들린다.

구시가지 성당 앞 광장

펠로링요를 떠나 다운타운 남쪽의 해안 도로로 접어들었다. 바다 쪽으로 튀어나온 돌출 부분에 등대가 보였다. 등대 앞에 차를 세웠다. 이곳이 브라질 최초의 요새라고 한다. 요새 위에 등대를 세운 것이다. 멀리 대서양을 항해하던 배가 살바도르로 들어오는 길을 알려주었을 것이다. 등대 앞에 기념품을 파는 행상들이 많았다. 밀려드는 행상을 피해 종종 걸음으로 요새였던 건물에 들어섰다.

지금은 요새를 박물관으로 개조해놓았다. 포르투갈의 해상 활동에 대한 여러 설명들이 있었다. 가장 눈에 띄는 것은 20미터 길이의 500톤 범선을 타고 다녔다는 기록이다. 이런 범선을 타고 대서양을 지배한 것이다. 그리고 200년간 3,000만 명의 노예를 아프리카에서 브라질로 수입하여 오늘의 브라질을 탄생시킨 것이다. "네덜란드인들이 바이아로 쳐들어 왔지만 포르투갈이 격퇴시켰다." 네덜란드를 물리친 기록들이 자랑스럽게 정리되어 있다.

네덜란드인들이 바이아를 점령하지는 못했지만 바이아 북쪽에 있는 페르남부꾸주는 1630년부터 1654년까지 통치하였었다. 그러나 포르투갈은 결국 네덜란드를 몰아내고 브라질을 식민지로 유지했다. 포르투갈이 인력과 장비의 열세에도 불구하고 현지인을 이용한 게릴라전으로 네덜란드를 물리친 전략도 매우 자부심 넘치는 기록으로 정리하여 전시하고 있다.

우리나라도 1592년 임진왜란 때 거북선도 만들었는데…. 이 정도의 배는 만들 수 있었을 것 같다는 생각을 했다. 우리나라 대포도 일본보다 사거리가 길어 해전에 유리했다고 하던데. 결국 역사를 결정짓는 요소는 기술과 생산력보다는 국민들의 세계관과 진취적 정신이라는 점을 새삼 느꼈다.

저녁시간에는 바이아 전통 공연을 보면서 저녁을 먹을 수 있는 식당을 찾았다. 뷔페식당이라 음식은 큰 특징이 없었다. 그러나 아프리카풍이 가미된 브라질 전통춤과 무술 등 볼거리는 풍성했다. 무대 위의 공연은 남녀 3쌍의 무희가 배꼽을 흔드는 춤부터 시작되었다. 점차 춤의 리듬이 격해지고 빨라진다. 여자 무희들이 사라졌다고 느끼는 순간 분위기가 달라졌다. 남자무희들이 허공에 뛰어 2단 점프와 회전

낙법 등 기계체조 같은 동작이 이어졌다. 잠시 후 2명이 교차하여 지나치면서 발차기와 공중회전을 반복한다. '아! 지금 까뽀에이라를 준비하는 구나.' 누가 말하지 않아도 알 수 있었다.

드디어 2인 1조로 나와서 격하고 빠른 연속 발차기를 한다. 날렵하게 차올리는 발의 뒤꿈치가 백지장 차이로 상대방을 얼굴을 스쳐지나간다. 서로 넘어지고, 박차고, 뛰어 오르면서 발차기가 계속된다. 만약 실수로 발차기에 턱을 맞으면 턱뼈가 부러질 것이다. 우리나라의 전설적인 무술인 최영희가 세계 무도계를 격파하고 다닐 때 브라질 무예를 언급한 생각이 난다. "워낙 변화무쌍하고 빨라서 정말 힘겨운 대결이었다. 유연성과 스피드와 파괴력을 갖추고 있어 소름이 끼쳤다." 우리 같은 사람이 보아도 여느 무술 못지않은 파워와 스피드가 느껴졌다.

북동부 지역은 무더운 날씨와 함께 아름다운 해변으로 유명하다. 바이아주의 살바도르시가 역사의 도시라면, 바이아주보다 좀 더 북쪽으로 유럽에 가까이 있는 페르남부꾸주의 헤시피시는 축제의 도시다. 헤시피시는 두 개의 큰 강이 도시를 관통하고 있으며, 많은 다리로 연결되어 있다. 브라질의 베니스라고 불리는 이유다. 헤시피시의 바다 쪽 끝단에 가면 '마르코 제로(Marco Zero)'라는 광장이 있다. 이 광장이 헤시피시의 발원지이다. 여기서 멀리 대서양쪽을 보면 방파제가 있어 오랜 항구도시의 역사를 말해준다. 대서양을 등지고 보면 16세기의 고풍스런 빌딩들이 나타난다. 헤시피는 24년간 네덜란드의 지배를 받아 양쪽 문화가 절묘하게 섞여 더욱 아름다운 도시다. 지금은 상업 중심지다.

하지만 도시만 예쁘면 뭐하나? 효율성이 너무나도 떨어지는데. "여기가 570번지 인가요?" 오후 약속시간에 맞추기 위해 겨우 찾아낸 건물의 수위에게 물었다. "그런데요?" "포르토디지털(Portodigital)을 찾아 왔습니다." "여기 그런 회사 없어요." 천신만고 끝에 찾았는데 허탕이다.

다시 전화를 걸어 재확인했다. 지난달에 사무실 확장을 위해 건물을 옮겼다고 한다. '그 건물은 또 어떻게 찾아?' 그쪽 사람이 내가 있는 위치로 나오기로 했다. 멀지는 않아서 다행이었다. 우리를 안내하는 포르토디지털 직원을 따라가 보니 다운타운에서 가장 높은 12층 건물에 입주해 있었다. 앞으로는 멀리 대서양이 펼쳐지고 뒤로는 고풍스런 도시 건물이 한눈에 들어온다.

이미 약속시간이 조금 지났지만 양해를 구하고 우리를 맞이한 부르노 국장과 함께 인증샷부터 찍지 않을 수 없었다. 부르노 국장이 포르토디지털에 대해 설명했다. "소프트웨어와 정보통신 산업을 발전시키기 위해 설립했어요. 2개의 인큐베이터와 2개의 연구소 등이 우리 활동에 참여하고 있죠. 이미 헤시피 시내에 있는 191개 기업이 참여하고 있어요."

부르노 국장은 2020년까지 400개의 혁신기업을 길러낼 것이라는 당찬 의지를 보였다. 그리고 목표 달성을 위해 34개의 프로젝트를 진행 중이라고 설명했다. 헤시피 소재 기업 중 대형 ICT기업의 소프트웨어 개발 프로젝트에 참여한 경험도 소개했다. 삼성, LG 등 한국기업의 R&D 프로젝트 공동 수행에 큰 관심을 보였다. 또한 기술력 있는 한국의 중소기업들과 헤시피 기업이 기술협력이나 JV(합작회사) 등을 설립하면 좋겠다는 의욕을 보였다. "한국기업이 헤시피의 IT산업 기반을 알면 관심을 가지지 않을까요? 우리 포르토디지털을 한국기업들에게 소개해 주세요." 부르노 국장은 브라질의 무역진흥기관인 APEX를 통해서도 헤시피의 IT 산업을 홍보하겠다는 의지를 보였다.

포르토디지털과의 면담을 마치고 일어날 때 부르노 국장은 올린다 방문을 권했다. "올린다는 유네스코 문화유산으로 등재된 아름다운 도시입니다. 꼭 한번 들려 보세요." 방문자를 위한 호의에 감사하며 작별했다. 마음은 굴뚝같지만 시간이 없다. 아쉬운 마음으로 택시를 탔다. 호텔로 급하게 이동해야 했다. 이동 중 택시 기사에게 올린다에 대해 물어 보았다. "올린다는 언덕 위에 있는 아름다운 도시죠. 바다가 내려다보이는 언덕 위의 집들과 작은 교회 그리고 정원이 유명해요. 또 많은 예술가들이 살고 있어요." 운전사가 올린다에 대한 이야기를 잔뜩 늘어놓는 사이 호텔에 도착했다.

다음날 오전 일정은 수아피 공단이다. 아침 일찍부터 일어나 부산을 떨며 헤시피를 떠나 남쪽으로 이동한다. 이건 뭐야! 예상치 못한 전화가 왔다. 오전 10시 일정을 오후 2시로 바꾼다는 일방적 통보다. 어쩔 수 없지. 우리가 만나자고 요청한 을의 입장인데. 수아피 공단에 새로 들어서는 조선소에 장비나 기자재를 팔 만한 거리가 있나 싶어서 찾아 왔는데. 문전 박대를 당하는 듯한 기분이 좋지 않았지만, 답답한 사람이 우물을 팔 수밖에 없는 상황이었다.

할 수 없이 자투리 시간 활용방법을 상의하기 위해 주정부에 연락했다. 우리 입장을 이해한다고 동조하더니 수아피 공단 남쪽 10킬로미터 지점에 있는 갈링냐 해변에 가라고 권한다. 잠도 깨지 않은 분위기에 언짢은 기분이 겹쳐서인지 흥이 나지 않았다. 어쨌든 차를 몰고 갈링냐 해변으로 갔다. 1시간여를 내려갔을까? 문득 바다 냄새가 느껴지더니 해안의 모래가 보이기 시작했다. 해변에 차를 세우고 보니 10시부터 12시까지 2시간 정도 여유가 있었다. 일단 해변의 식당으로 들어가 커피 한 잔으로 목을 축였다.

그리고 무엇을 할 것인지 주변 사람들 의견을 듣기로 했다. 식당에서 손님을 안내하는 직원이 정말 친절했다. "브라질에서 가장 많은 사람들이 찾는 해변입니다. 장가다라는 보트를 타고 바다로 들어가서 산호초속의 물고기를 구경하는 것이 단연 압권이에요."라며 귀띔했다. 밀물 때 산호초 안에 고기가 들어간다. 그런데 썰물때 물이 빠지는 것도 모르고 산호초 안의 물속에 고기들이 남아 있어 어항 속의 고기가 된다고 한다. 그래서 썰물 때 장가다를 타고 가서 산호초 어항속의 물고기를 보는 것이 가장 인상적이라는 설명이다.

그런데 가만히 따져 보니 우리의 일정과는 시간이 맞지 않았다. 오

갈링냐 해변의 장가다

후가 되어야 물이 빠진다니. 이미 우리가 떠나고 난 후일 것이다. 그래서 소형SUV를 닮은 무개차를 타고 바닷가의 야자수 숲속을 돌아보기로 했다. 바닷가 모래사장이 끝나는 부분에 야자수 숲이 있다. 멀리 있는 에메랄드 빛 바다를 보면서 달리는 기분은 꽤 상쾌했다.

해변을 따라 20여 분을 달렸을까 북쪽 끝에 도착했다. 해안선 낭떠러지 건너편의 멀찍한 곳에 공장 건물들이 보였다. "저게 뭐죠?" 브라질 전역을 다닌 경험이 많은 공사장에게 물었다. "바로 수아피 공단이에요. 여기서 저 멀리까지 약 10킬로미터, 공단서 헤시피까지가 50킬로미터 정도 되요." "그렇구나. 그런데 불과 10킬로미터 밖에 저런 공단이 들어서면 이 해변은 어떻게 될까? 브라질도 어쩔 수 없이 개발붐을 타고 새로운 모습으로 변해가고 있었다. 무개차를 돌려주고 나서

급하게 점심을 먹고 수아피 공단으로 향했다.

공단에서는 빠울로 국장이 반갑게 맞아 주었다. 수아피 공단의 청사진을 먼저 설명했다. "아시아의 싱가포르와 같이 수아피를 북동부 시장의 물류 중심지로 키울 겁니다." "북동부 인구가 5,360만 명이니 투자할 만하지 않을까요?" "공단의 최우선 관심투자 분야는 석유·화학과 조선 및 자동차 산업이죠." "심해유전에서 퍼낸 원유를 이곳에서 정제할 수 있어요." "그리고 각종 석유·화학 제품을 생산하는 단지를 건설한다는 구상이지요." 빠울로 국장은 자신들의 계획이 차질 없이 진행되고 있다고 만족해했다. 이미 페트로 브라스의 정유공장이 완공단계였다. 133억 달러를 투자하여 2012년부터 23만 배럴을 정유한다. 그리고 이태리계의 Mossi & Ghisolfi사가 PET생산 공장을 이미 건설하고 있다. Petroquimico Suape사는 PTA를 생산할 계획이다. 브라질 동북부에 화섬 원료를 공급하여 섬유산업을 발전시킨다는 전략을 추진하고 있었다.

석유화학 제품을 운반하는 데 필요한 조선소 건설계획도 설명했다. 아뜰란찌고술을 포함해서 4개의 조선소를 건설할 계획이라고 한다. 2개의 선박 건조 및 2개의 수리 조선소 전문기업이 들어온다. 이미 아뜰란찌고술 조선소는 가동 중이라고 자랑스럽게 말해다. 대형 유조선을 만드느라 직원들이 바쁘게 움직이고 있다며 한국 조선기자재 업체들이 관심을 가져 달라 부탁을 했다. 아뜰란찌고 조선소는 까마르꼬

수아피 공단 석유 화학공장

헤어, 깨이레스 갈버웅, **PJMR**과 삼성중공업이 합작으로 설립한 기업이다. 그러나 기본적으로 삼성중공업으로부터 기술을 도입하여 건조를 하기 때문에 한국조선기자재의 진출 가능성이 높은 것을 느낄 수 있었다.

우리는 다음날 다시 바이아주 주정부와 산업연맹을 방문할 계획을 설명했다. "내일 바이아주를 가서 까마사리에 있는 포드 공장 등에 대해서 알아볼 예정이지요." 하고 자동차 산업에 대해 관심을 표명했다. 그러자 빠울로 국장은 "피아트(FIAT)가 수아피 공단에 조립공장을 짓기로 했어요. 한국 자동차 업계에서도 관심을 가져주면 좋겠네요." 하며 한국 자동차 기업에 대해서도 관심을 보였다.

수아피 공단 조선소

빠울로 국장과의 면담을 끝내고 서둘러 호텔을 향해 떠났다. 오전 미팅이 오후로 미루어졌고 호텔까지 거리가 멀기 때문이다. 공단을 나설 때 벌써 어둑어둑해지기 시작했다. 공단 앞에서 고속도로로 들어섰다. 1시간여 달려 고속도로를 벗어났다. 도로 사정이 열악한 국도로 들어선 것이다. 도로의 노면 상태가 좋지 않았다. 게다가 어둠이 드리우면서 방향을 잘 가늠할 수 없었다. 길을 알아보기 힘들어지자 당황하기 시작했다. 공항에서 렌트한 자동차의 GPS는 작동하지 않았다. 밖이 어두워 어디가 어딘지 알 수가 없었다. 10톤 대형트럭이 마구 달리다 보니 심한 위협감도 느꼈다. 설상가상으로 10여 미터 간격으로 도로바닥에 구멍들이 흩어져 있다.

"어이쿠!" 운전하던 황 팀장이 소리쳤다. 타이어가 터진 것이다. 모

도로의 구멍과 타이어가 터진 차량

두 내려 겨우 임시타이어로 바꾸었다. 총알같이 지나다니는 차들, 저 멀리 깜빡이는 빈민촌의 불빛들. 여기는 안전한 지역이 아닌데. 하필 이런 일이! 겨우 임시타이어에 의지해서 달리다 자동차 정비소를 발견했다. 찢어진 타이어를 때울 수 있냐고 물어 보았다. 2시간 뒤에 오라고 했다. 일단 타이어 수리를 맡기고 근처에서 저녁을 먹으며 2시간을 때우기로 했다. 밥이 목구멍으로 넘어가는지 콧구멍으로 넘어가는지 감각이 없다. 2시간 후 기대 반 우려 반으로 정비소를 찾아 갔다. 그러나 정비소에서는 으레 그렇듯이 엉뚱한 소리만 늘어놓는다. 결론은 타이어를 고치지 못했다는 것. 할 수 없이 임시타이어에 운명을 걸고 조심스럽게 운전할 수밖에 없었다. 뒤에 오는 차들이 빨리 가라고 빵빵 거리는데 야속하기 짝이 없었다. 이렇게 노면도 좋지 않고 시야가 좁은데 어떻게 빨리 달리나? 무엇을 하는 짓인지 모르지만 그렇게 하루가 갔다.

천신만고 끝에 다음날 바이아주에 도착했다. 페르남부꾸주가 새로 개발하는 수아피 공단과 헤시피시의 소프트웨어 산업을 내세워 빠르게 성장하고 있다. 그러나 역시 경제력 측면에서 보면 동북부의 맹주는 바이아주였다. 바이아주는 살바도르와 같은 유명 관광지 이외에도 까마사리 같은 대형 공단들을 많이 가지고 있기 때문이다. 까마사리 공단은 이미 1978년부터 개발이 시작되었다. 지금은 남반구에서는 가장 큰 석유·화학산업단지이다. 90개 기업이 공단에 입주해 있는데 이 중 34개사가 석유화학제품 생산 기업이다. 석유화학과 고무산업 발전 덕분에 브리지스톤과 컨티넨탈, 피렐리 등 타이어 공장들이 있다. 그리고 포드자동차 공장도 있다. 2003년에 설립하여 연간 20만 대를 생산하고 있다. 까마사리를 중심으로 공단이 계속 확대되고 있다. 14개의 공단이 있는 기업들이 계속 늘고 있다. 주정부와 산업연맹에서는 기능공 양성을 위한 직업훈련 프로그램을 강화하고 있다.

우리가 브라질 주정부를 찾았을 때 회의실벽에 살바도르시를 중심으로 하는 커다란 바이아주 지도가 걸려 있다. 마르셀라 경제개발국장은 다리와 철도건설 등 대형 프로젝트를 설명했다. 한국기업 진출의 좋은 계기라는 점을 부각시키기 위해서다. 그러나 우리의 관심은 자동차 부품에 있었다. 브라질 자동차업계의 'BIG 4'에 속하는 포드

자동차 생산 공장이 있다. 그리고 중국의 JAC가 15만 대 생산규모로 투자를 결정했기 때문이다.

바이아주는 인구가 5,360만에 달하는 거대 시장이다. 그리고 브라질은 지역별 특성이 강하기 때문에 북동부 시장을 겨냥하려면 여기에 투자를 해야 하는 것은 분명하다. 마르셀라 국장이 우리의 관심사를 인식하기 시작했다. 갑자기 브라질 국세청과 기아자동차 간의 다툼 건에 대해 물었다. "브라질 국세청과 기아자동차 문제는 해결이 되었나요?" 브라질 대법원이 기아의 손을 들어 주었지만 최종 결정은 아닌 것으로 알고 있다고 설명했다. 마르셀라 국장은 연방국세청도 이해관계자 이지만 바이아주도 이해관계가 있음을 강조했다.

사실 아시아자동차 관련 사건은 오래전의 일인데 주정부 사람들도 알고 있었다. 1990년대 아시아자동차가 타우너(Towner) 차량 7만 대를 브라질 시장에 팔았다. 아시아자동차는 판매량을 늘리기 위해 까마사리 공단에 조립공장을 짓겠다고 약속했다. 그리고 공장을 짓는다는 조건으로 관세를 면제 받았다.

그런데 1990년대 말 외환위기 때문에 공장을 짓지 못하고 기아자동차로 흡수되고 말았다. 브라질 정부는 공장을 짓지 않았기 때문에 면제해 주었던 관세를 납부해야 한다고 선언했다. 기아자동차에게 아시아자동차의 미납세금을 내도록 요구하는 특이한 상황이 발생한 것이다. 여러 가지 복잡한 사정이 얽혀 있는 아시아자동차 관련 사건을 주정부에서 언급한 것이다. 그러나 브라질 법원에서도 다루고 있는 분쟁에 대해 주정부가 의견을 내겠다는 의도로 보이지는 않았다. 기아자동차가 지금이라도 바이아주에 공장을 지으면 상황을 종결시킬 수 있다는 기대감으로 보였다.

중국의 JAC가 상파울루주나 리오 데 자네이로주에 공장을 짓지 않고 북동부 지역에 공장을 짓는 것도 투자 인센티브 때문일 것이다. 브라질 정부에서는 북동부 지역 투자기업에 보다 파격적인 투자 인센티브를 주고 있다. 북동부 지역 노동력의 질이 상파울루를 중심으로 하는 남쪽 지역보다 못하다는 우려도 있다. 우리기업들은 노동력이 열악하지만 세금 혜택 등 원가 절감효과가 있다는 점을 고려해야 할 것으로 보인다.

세계 최고 미항 리오의
숨은 파워

"중국 계림과 하와이 와이키키 해변을 멋지게 합쳐놓은 도시네요."

어떤 기업인의 리오 데 자네이로에 대한 첫인상이다. 리오는 계림의 상징과 같은 뾰족한 바위산 수십 개가 모여 도시를 이루고 있다. 마그마가 솟아오르다 식어 버린 것 같이 깎아지른 바위산들이 인상적이다. 산이 바다와 맞닿는 부분에는 길게 모래밭이 뻗어 있고 그 뒤로 열대림이 형성되어 있다. 푸른 바다와 하얀 모래, 초록의 열대림 그리고 우뚝 솟은 시꺼먼 기암절벽이 조화를 이루는 도시다. 기암절벽의 계곡사이로 고색창연한 빌딩들이 촘촘히 들어서 있다.

리오 데 자네이로 해변은 '세계에서 가장 아름답다'고 감히 말할 수 있다. 40킬로미터에 걸쳐 플라밍고, 보따파고, 꼬빠까바나와 이빠네마 등의 해변이 있기 때문이다. 어느 해변에서나 하와이 못지않게 여유와 낭만을 즐길 수 있다. 흔히들 리오 데 자네이로와 시드니 그리고 나폴리를 세계 3대 미항이라 말한다. "제가 3대 미항을 모두 방문해 보았어요. 그러나 리오 데 자네이로가 압도적으로 아름다운 도시예요." 우리 시장개척단 행사에 참석했던 기업인이 전해 주는 말이다. "시드니와 나폴리는 유명한 건물들이 있고, 특색 있는 도시임이 분명해요. 그러나 리오 데 자네이로와 같은 웅장한 자연의 아름다움은 없지요." 리오 데 자네이로는 차원이 다른 도시라고 강조했다.

리오 데 자네이로는 세계 스포츠와 문화의 중심지이기도 하다. 1950년 월드컵 결승전이 열렸던 도시이다. 리오 데 자네이로의 삼바 카니발은 매년 TV채널을 통해 전 세계에 중계된다. 매년 12월 31일 새해전야축제(Reveillon, 헤베일롱)에는 200만 명이 꼬빠까바나 해변에 운집한다. 꽃을 실은 배를 바다에 띄우는 의식과 새해를 맞이하는 신년 카운트다운 후 펼쳐지는 불꽃놀이는 바닷물에 반사되어 환상적인 아름다움을 선사한다.

리오는 '메가 이벤트'가 끊이지 않는 도시다. 2012년 6월에는 '리우+20 정상회담'이 열렸다. 100명 이상의 각국 정상과 정부수반 그리고 정부대표가 참석하여 세계 환경보호문제를 논의하였다. 2013년에는 가톨릭 청년축제인 세계청년대회가 열린다. 역대행사를 보면 세계 190개국에서 150만의 청년들이 모였다. 브라질은 세계 최대 가톨릭 국가여서 더욱 대규모 행사가 될 것으로 보인다. 2014년에는 브라

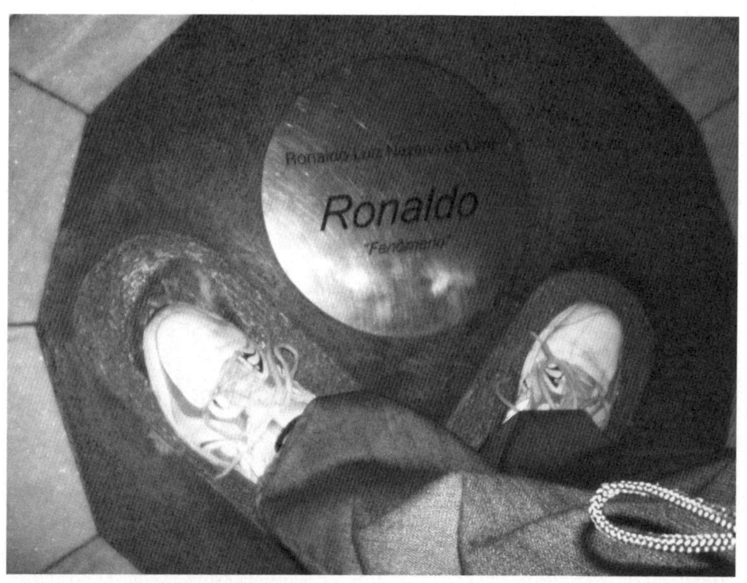

마라까냥 경기장의 호나우두 발자국

질 월드컵 결승전이 열릴 예정이다. 월드컵 경기는 브라질 내 12개 경기장에서 분산 개최한다. 그중에서도 가장 중요한 결승전이 리오 데 자네이로에서 열리는 것이다. 브라질 축구의 상징인 마라까냥 구장이 있기 때문이다. 2016년에는 올림픽이 열린다. 리오 데 자네이로는 벌써 올림픽 준비에 박차를 가하고 있다. 관광객이 안심하고 방문할 수 있도록 범죄조직 소탕작전을 전개하고 있다. 또한 올림픽 로고를 결정하고 라이선싱을 통한 수익사업 발굴에 노력하고 있다. 벌써 브라질 2대 은행인 브라데스꼬 은행이 스폰서로 선정됐다. 18억 달러의 라이선싱 수익목표 달성이 무난할 것으로 예상된다.

상파울루에 사는 사람들에게도 역사의 향기가 강하고 독특한 문화가 있는 리오 데 자네이로를 방문하는 것은 즐거운 일이다. 긴 여름의 우기가 끝나고 가을이 접어들 무렵 리오 데 자네이로를 방문할 기회가 있었다. 상파울루에서 비행기를 타고 1시간을 날아 푸른 해안에 접한 산또스 드몽 국내선 공항에 도착하였다. 공항에서 반갑게 맞아주는 에듀와 브라질식 악수를 나누고 공항을 나섰다.

잠시 후 잔잔한 호수 같은 해변을 따라 달리고 있을 때다. "저기 11시 방향에 예수상이 있습니다." 에듀가 앞을 가리켰다. 멀리 높은 산 정상에 손을 벌리고 서 있는 커다란 예수상이 보였다. 좀 더 자세히 보기 위해 몸을 비트는 순간 자동차가 터널로 들어갔다. 잠시 후 밖으로 나왔을 때, "왼쪽 편을 보세요. 여기가 그 유명한 꼬빠까바나 해변입니다." 에듀가 말했다. 얼른 쳐다보니 활처럼 완만하게 휘어진 하얀 모래의 백사장이 펼쳐진다.

미국의 버지니아 비치나 하와이의 와이키키 해변보다 더욱 인상적이다. 새하얀 백사장이 기암절벽과 어우러져 운치를 더한다. 백사장을 따라 길게 뻗어 있는 도로 뒤편에 이끼가 낀 낡은 건물들이 늘어서 있다. 백사장 앞의 바다 쪽에는 멀리 대서양을 지나는 큰 화물선들이 점점이 흩어져 있다.

늦은 오후 시간이라 그런지 사람들이 많지는 않았다. 삼삼오오 해변을 걷는 사람들이 있을 뿐. "꼬빠까바나 해변의 길이가 5킬로미터

꼬빠까바나 해변

입니다. 여기서 많은 행사들이 열리고 연중 볼거리가 풍성한 곳입니다." 에듀가 백사장을 지나며 설명했다.

꼬빠까바니 해변을 돌아 예수상을 향해 떠났다. 리오 데 자네이로는 좁은 계곡 사이로 발달한 도시라 항상 교통체증이 심하다. 교통난에 시달리다 보니 리오 데 자네이로 사람들이 세상에서 가장 심한 난폭운전을 한다는 오명을 쓰고 있다. 빼곡히 밀리는 차들 사이로 가다 서다를 30여 분 정도 반복했을까? 협소하고 가파르게 올라가는 언덕길이 나타났다. 언덕길로 10여 분 올라가니 주차장이 있었다.

차를 세워두고 정상으로 올라가는 버스로 갈아탔다. 버스가 꼬불꼬

불 모퉁이를 돌며 올라가더니 드디어 710미터 코르코바도르 산의 정상에 도착했다. 다시 힘겹게 계단을 걸어 5분 정도 올라가니 사진에서 많이 보았던 예수상이 눈앞에 나타났다. 야! 3번 만에 드디어 예수상을 보는구나. 리오 데 자네이로를 두 번이나 방문했는데도 예수상을 보지 못한 아쉬움이 해소되는 순간이었다.

리오 데 자네이로는 해변 도시이며 일교차가 크다. 그래서 안개가 자주 낀다. 이 안개 때문에 많은 관광객들이 예수상을 보지 못하고 아쉬운 발길을 돌리곤 한다. "예수님이 다리가 아프시면 구름으로 가려 놓고 앉아서 쉽니다." 위로하기 위해 가이드가 던진 썰렁한 농담이 생각났다.

예수상은 언덕 정상에서 해변을 향해 두 팔을 벌리고 있다. "브라질 독립 100주년을 기념해서 세웠어요. 9년 동안 25만 달러를 들였죠. 철근 콘크리트로 뼈대를 만들고 바깥에 돌을 깎아 붙였어요. 높이가 30미터, 양옆으로 벌린 팔의 길이가 28미터죠." 에듀의 설명이 이어졌다. 밑에서 올려다보니 거대한 예수상의 규모에 압도되었다. 세계7대 불가사의에 속한다는 말을 실감할 수 있었다. 예수상이 쳐다보는 방향으로 서서 내려다보았다. "사바가 발아래로구나!" 푸른 바다와 기암절벽의 리오 데 자네이로가 한눈에 들어온다. 예수상의 옆을 지나 뒤쪽으로 돌면 리오의 유명한 해변을 볼 수 있었다. 이런 매력 때문에 연간 200만 명의 관광객이 방문하는 명소이다. 교황을 비롯해서 정치

리오 데 자네이로의 예수상

인, 과학자와 예술가 등 많은 명사들도 방문한다. 2011년 3월에는 버락 오바마 미국 대통령도 예수상을 방문했었다.

"뺑 자수까르(Pão de Acuцar)산에서 일몰을 보려면 지금 가야 합니다." 에듀의 말에 서둘러 계단을 내려가기 시작했다. 굽이진 산길을 되돌아 내려와서 해안도로를 지나 뺑 자수까르산 입구에 도착했

다. 주차장을 지나 공원에 입장한 후 케이블카를 기다렸다. "케이블
카는 1915년에 개통했고 30분 간격으로 산을 오르내려요. 영화 007
문레이크를 촬영하면서 더 유명해졌죠." 에듀가 내력을 설명했다.

드디어 케이블카를 타고 5분여 올라갔을까? 케이블카가 언덕 위에
섰다. "여기가 우르카 언덕이에요. 저쪽 곤돌라로 바꿔 타야 되요." 에
듀의 안내를 받으며 빵 자수까르산 정상에 도착했다. 빵 자수까르산
은 바다 쪽으로 돌출된 지역에 있는 암벽으로 된 산이다. 높이가 396
미터라더니 리오 시내가 한눈에 들어 왔다. 예수상, 꼬빠까바나, 플라
밍고 해변 등 리오 데 자네이로의 아름다운 경관들이 파노라마처럼
펼쳐진다. 해가 뉘엿뉘엿 서산으로 기울어지는 것을 바라보며 커피를
한잔 마셨다. 얼마 지나지 않아 고기비늘처럼 넘실거리던 바다의 잔
잔한 파도가 붉게 물들기 시작한다. 그리고 해안선을 넘어 도시와 산
들의 색깔도 물들기 시작했다. 이윽고 해가 넘어가고 빌딩의 불빛이
나타나기 시작한다. 리오 데 자네이로의 화려한 야경이 모습을 드러
냈다. 해안선을 따라 늘어선 건물과 차량의 불빛이 현란하다. 산중턱
에 모여 있는 파벨라의 불빛이 가세하여 더욱 화려한 모습으로 다가
온다.

리오는 빈민들의 집단주거지인 파벨라가 많기로 유명하다. 파벨라
는 주거환경이 극도로 열악하다. 가옥이 방과 부엌 등 짜임새 있는 구
조로 이루어진 것이 아니라 외벽과 지붕만 있는 집도 허다하다. 상하
수도 시설이 갖추어져 있지 않으니 위생관리에 문제가 있다. 제대로

된 가구나 생활용품들이 있을 리 없다. 주거하는 사람들도 항상 경제적 빈곤에 시달린다.

그러다 보니 범죄조직과 연결되기 십상이다. 리오 데 자네이로에 있는 대부분 산들의 중턱에는 이런 파벨라가 자리잡고 있다. 파벨라에 사는 청소년들이 시내로 내려와 범죄를 저지르는 경우가 많다. 범죄조직이 뒤에서 부추기기 때문이다. 그래서 항상 리오 데 자네이로 시민들은 치안불안에 시달리고 있다. 전국 7대 도시 시민을 대상으로 한 설문조사에도 이런 불안감을 읽을 수 있다. 82.5%의 리오 데 자네이로 시민들은 일상적으로 불안을 느끼고 있다고 응답했다. 브라질의 가장 남쪽에 있는 도시인 뽀르또 알레그리시는 대조적이다. 29.4%의 주민만이 불안을 느낀다고 응답했다.

그래서 최근 리오 데 자네이로시와 주정부는 파벨라 범죄조직 소탕에 나섰다. 이미 범죄조직이 활개치던 알레머잉 파벨라를 경찰이 장악하였다. 경찰의 치안 유지 덕분에 파벨라를 돌아보는 관광상품까지 등장하고 있다. 2011년 11월부터 시작되었는데, 파벨라의 구조와 파벨라에 사는 사람들의 생활 모습을 엿볼 수 있다.

예수상과 빵 자수까르산을 거쳐 리오 데 자네이로의 다운타운으로 들어섰다. 고색창연하면서도 웅장한 건물들이 늘어서 있다. 1763~1960년까지 약 200년 동안 수도였던 도시의 웅장한 면모를 느낄 수 있었다. 중앙 대로를 끼고 트랜스페트로, 일렉트로브라스 등 브라질 경제를 끌고 가는 국영기업 본사들이 있다. 그리고 중앙대로

마라까냥 경기장(2014년 월드컵 결승전 예정)

를 따라 조금 더 가면 마라까냥 축구장이 있다. 1950년 브라질 월드컵 결승전을 치렀던 곳이다. 우승팀을 가르는 우루과이와의 중요 경기에 20만 9,000명이 참관을 했었다. 정말 대단한 규모이다. 그러나 불행하게도 브라질이 우습게 생각했던 우루과이에게 2대 1로 패했다. 브라질의 전 국민을 슬픔에 빠지게 한 곳이기도 한다. 마라까냥 경기장은 2014년 브라질 월드컵 결승전에 대비해하여 리모델링 작업을 마쳤다.

그동안 여러 차례 리오 데 자네이로를 돌아 다녔지만 많은 사람들이 추천하는 임페리얼씨티를 보지 못한 아쉬움이 항상 남아 있다. 임페리얼 씨티는 리오 데 자네이로에서 60킬로미터 떨어진 산 중턱의 아름다운 전원도시로 널리 알려져 있다. 포르투갈 왕정 시절 동뻬드로 2세가 여름 휴양지로 사용했던 역사를 가지고 있다. 포르투갈 왕족들이 묻혀 있고, 1.7킬로그램짜리 황제의 왕관과 600개가 넘는 다이아몬드 그리고 77개의 진주 등 왕실이 소장했던 화려한 유품을 볼 수 있는 곳이다.

브라질에 웬 포르투갈 왕실이냐고? 포르투갈 왕이 나폴레옹에게 쫓겨 브라질에서 피난살이를 했기 때문이다. 전성기를 구가하던 나폴레옹이 영국에 타격을 주기 위해 대륙 봉쇄령을 내렸다. 그러나 포르투갈은 영국 편에 섰다. 화가 난 나폴레옹이 포르투갈을 정복했다. 포르투갈왕은 1809년에 프랑스 침공을 피해 브라질로 피난을 왔다. 그리고 나폴레옹이 몰락한 후인 1822년에 포르투갈로 돌아갔다. 이때 포르투갈 왕이 여름에 머물렀던 도시가 임페리얼씨티이다.

리오 데 자네이로 주변의 아름다운 도시들로 치면 앙그라도스 헤이스와 빠라찌도 빼 놓을 수 없다. 앙그라도스 헤이스는 리오 데 자네이로 남쪽 150킬로미터 지점에 있다. 푸른 바다에 면하여 새하얀 모래밭의 해안선이 뻗어 있다. 뒤편으로는 구름이 허리를 감고 있는 높은 산들이 원시림과 함께 절묘한 경관을 이룬다. 리조트들이 잘 발달해 있으며 다양한 스포츠를 즐길 수 있다.

여기서 80킬로미터를 더 가면 빠라치가 있다. 우리나라 남해와 같

빠라치 해안의 창고형 건물들

이 다도해의 아름다운 해안선을 가지고 있고 주변에 많은 섬들이 있다. 빠라치에서 배를 타고 주변의 섬을 돌아보는 투어 프로그램들도 있다. 브라질의 금광이 전성기를 누리던 시절 리오 데 자네이로와 함께 금광에서 싣고 온 금들을 유럽으로 운반하기 위한 선박들이 드나들면서 발달한 도시다. 지금도 포르투갈식 창고건물들이 늘어서서 화려했던 시대를 느낄 수 있게 해 준다.

브라질 경제는 식민지 경영이 시작된 1520년부터 살바도르와 헤시피가 있는 북동부 지역의 사탕수수 농사를 기반으로 성장하였다. 그래서 브라질 최초의 수도가 살바도르다. 그러나 1690년 미나스제라이스(온갖 광물이라는 뜻)주에서 금광맥이 발견되면서 일대 전환기를 맞았다. 이어 다이아몬드 광맥까지 터지면서 브라질 경제중심지가 동남쪽으로 이동하게 된다.

미나스제라이스주는 리오 데 자네이로주의 서북쪽에 있는 지역이다. 미나스제라이스주의 오우로 쁘레또시가 브라질 금의 역사를 잘 말해준다. 1701년 금이 발견되면서 도시가 생성되기 시작하였다. 1750년에는 10만 인구의 도시로 성장하였다. 18세기 중반에는 브라질이 전 세계 금 생산의 85%를 차지하였다. 이렇게 유입된 풍부한 돈 덕분에 오우로 쁘레또가 아름다운 도시로 발전하였다. 그 후 금의 생산이 중단되면서 오우로 쁘레또는 쇠락의 길을 걷게 된다. 지금은 칼리지타운으로 변신하였으며 광산학교 등이 유명하다. 오우로 쁘레또는 1980년 유네스코 세계문화유산으로 등재되어 과거의 영화를 대변하고 있다.

지금도 미나스제라이스에는 금을 생산하는 빠라까뚜 광산이 있다. 과거와 달리 순도가 낮아 경제성이 부족한 광산이다. 광물 1톤에서 0.4그램의 금밖에 추출되지 않는다. 15g까지 나오는 미국이나 칠레 광산에 비해 경쟁력이 부족하다. 그러나 세계 금값이 치솟으면서 수익을 내며 가동되고 있다.

오우로 쁘레또에서 금이 대량생산되던 1726년, 디아만찌나(Dianantia)에서는 다이아몬드가 발견되었다. 금과 다이아몬드로 브라질 광업이 절정을 이룬 시기다. 1866년 남아공에서 다이아몬드가 발견되기 전까지만 해도 브라질이 세계 최대 다이아몬드 공급지였다. 디아만찌나를 중심으로 200년 동안 다이아몬드가 생산되었기 때문이다. 당시의 영화를 반영하듯 디아만찌나는 바로크양식이 발달한 아름다운 도시이다. 현재는 채광활동이 중단되고 농업과 관광도시로 변모하였다. 오우로 쁘레또와 함께 유네스코 세계문화유산으로 등재되어 있다.

미나스제라이스주에서 생산된 광물들은 리오 데 자네이로시와 빠라찌시를 통해서 유럽으로 실려 나갔다. 광물 수출 중심지로서의 물류 기능 덕분에 양쪽의 항구도시가 급성장한 것이다. 특히 리오 데 자네이로는 이때를 기점으로 브라질 중심도시로 성장하였다.

아직도 브라질은 희귀금속인 니오븀의 세계최대 생산지이다. 그리고 호주와 함께 주요 철광석 생산지이다. 미나스제라이스의 이따비라(Itabira) 광산은 북쪽 까라자스(Carajas)와 함께 브라질뿐만 아니라 세계에서 가장 중요한 철광석 공급기지이다. 덕분에 발리사는 세계 3대 철광석 회사로 세계 철광석 공급의 35%를 장악하고 있다. 발리사는 세계 최고의 경쟁력을 바탕으로 호주의 알루미늄과 석탄, 캐나다의 니켈, 남아공의 구리, 아르헨티나의 칼륨, 그리고 모잠비크의 석탄 개발 등 해외 광산 개발에도 나서고 있다. 사업 영역도 계속 확장하고 있다. 철광석 생산뿐 아니라 철광석의 운반을 위한 물류사업도 하고 있다. 그리고 철강생산 공장을 보유하고 있으며, 제련에 필요한 전력 공급을 위해 발전소까지 보유하고 있다. 최근 희토류 생산에 투자를 확대하고 있다.

그러나 미나스제라이스주는 더 이상 광산에 의존하는 주가 아니다. 금속가공산업 중심지로 성장하였다. 피아트를 비롯하여 벤츠 트럭공장 등이 미나스제라이스주에 있다. 물론 미나스제라이스에서 생산되는 차가 고급차량은 아니다. 피아트의 공장이 있는 볼로리존찌에서 피아트차를 렌트하여 사용해 본 결과는 경악스러웠다.

"어, 이차는 수동 변속차량이네요?" 피아트사를 방문하기 위해 공항에서 렌트카를 대여했을 때 황당한 일이 벌어졌다. "가서 자동변속차로 바꿔 달라고 해보지." 대수롭지 않게 생각하고 말했다. "그런데 자동변속차량은 없대요." 렌트카 사무실을 다녀와서 황당하게 대답한다. "내가 자동차 면허를 수동변속 차량으로 땄으니 한번 운전을 해보지." 자신이 없었지만 대안이 없었다. 공항에서 미나스제라이스 주도인 벨라리 존찌까지 1시간 이상 걸린다. 택시 요금이 150헤알(80달러)이다. 피아트공장은 다운타운에서 남쪽으로 더욱 멀리 있다. 200헤알(100달러)이 예상된다. 택시를 타면 350헤알이 들 것이다. 왕복이면 700헤알, 도무지 말이 안 되는 금액이다. 하루 200헤알이면 차를 렌트할 수 있으니 몸으로 때울 수밖에 없지.

용기를 내서 차를 끌고 시내로 나갔다. 왜 이렇게 공항을 멀리 지었는지 한참 달려도 초지와 숲이 계속된다. 공항에서 시내로 가는 고속도로를 운전하다 보니 3개월 전 공포에 떨었던 생각이 불현듯 뇌리를 스친다. "이상하다… 다른 공항에는 안내원이 있었는데." 다른 공항에서는 안내원이 나에게 "어디 가느냐?", "거기까지 택시비용은 얼마다" 하면서 친절하게 알려주고 택시를 태워 주었던 생각이 났다. 그런데 밤 11시에 벨라리 존찌 공항에 도착했을 때는 안내원이 없었다. 할수 없이 지나가는 택시를 잡아타고 시내 호텔로 가자고 했다. 대부분 도시에서 30분이면 호텔에 도착하는데 이번은 달랐다. 가도 가도 호텔은 고사하고 불빛도 보이지 않았다. "이거 뭐야? 뭐가 잘못된 것 아냐?" 덜컥 겁이 났다. 브라질은 치안이 안 좋은 곳인데, 이상하게 공항 안내원도 없더니…. 밤에 혼자 타고 있는 택시라 불안했다. 불빛이 없는 도로를 달릴수록 불안이 커진다. 일부러 전화기를 꺼내서 집에 전화를 했다. 그리고 또 여기 저기 몇 군데 전화를 해서 나의 위치를 알리는 듯이 큰소리로 통화를 했다. 그러던 중 불빛이 보이기 시작했다. 벨라리 존찌를 처음 방문했을 때의 당황했던 기억들이 새삼스럽게 떠오른다.

다행히 지금은 밝은 대낮이다. 내가 직접 운전을 하니 불안하지는 않았다. 그러나 역시 시내까지 1시간 이상 달려야 하는 지루한 운전이었다. 드디어 벨라리 존찌시의 입구에 도착했다. 그러나 여기도 여느 브라질 도시처럼 시내의 길들이 구절양장같이 생긴 일방통행길이다. 모르는 길을 GPS에 의존해서 달리는 것이 괴로웠다. 벨라리 존찌는 유난히 언덕이 많은 도시다. 수동변속이 또 애를 먹였다. 언덕 위에 섰다가 출발이 잘 안되고 시동이 꺼지기 일쑤였다. 뒤에서 경적소리가 들린다. "우라질, 이래서 사람들이 브라질을 우라질이라고 하는구나."

머릿속에서 화가 치밀어 올랐지만 달리 방법이 없었다.

물어물어 결국 산업연맹을 찾아갔다. 산업연맹에서 일차 상담을 마치고 나섰다. 피아트 공장을 향해 남쪽으로 가야 한다. "우라질, GPS에 왜 번지수가 입력이 안 되는 거야?" 시와 도로명은 입력이 되었는데, 번지수가 입력이 안 된다. 전자지도가 정밀하지 않아 생기는 현상인데 어찌하랴? 일단 가야 하는 번지와 가장 가까운 번지를 넣고 출발했다. 그렇게 1시간 정도를 달렸을까? "어, GPS는 이 근처가 목적지라고 하는데…. 피아트공장은 그림자도 안 보이고, 이상하네?" 결국 주유소로 가서 물어보니 고속도로 주변으로 다시 돌아가라 한다.

고속도로 근처에서도 몇 번을 더 물어 보고 헤맨 끝에 찾아간 피아트공장을 보니 입이 딱 벌어졌다. 공장이 워낙 커서 들어가는 문이 몇 번 문인지 알 수가 없었다. 다시 전화를 해서 우리가 사용해야 하는 출입문 번호부터 확인했다. 그리고 신분증을 맡기고 출입증을 받았다. 마침내 회의장에서 피아트 구매팀과 마주 앉을 수 있었다. 공장이 커서 생산능력이 궁금했다. "이 공장은 차량을 연간 몇 대나 생산하나요?" "하루 2,000대까지 생산할 수 있어요." 우쭐하며 대답했다. 이윽고 미팅을 약속한 아비오 구매팀장이 들어왔다. "지난해 한국은 잘 다녀 왔어요?" 우리가 아비오의 한국기업 방문을 주선해 주었기에 물어보았다. "한국 기업들과 좋은 상담을 했어요. 감사합니다. 앞으로도 좋은 기업들을 계속 소개해 주세요." 아주 긍정적으로 대답해 주었다.

피아트에서는 아시아산 부품을 30% 정도 더 소싱할 예정이라는 말도 해 주었다. 코트라가 한국의 우수 자동차 부품업체를 선정해서 GM에 소개해 주는 전시상담회 행사를 설명했다. "좋은 아이디어네요. 한국의 우수 부품을 찾을 수 있다면 우리도 한번 해 보고 싶어요." 피아트는 적극적으로 협력할 의지를 보였다. 브라질 사람들은 항상 말이 앞서기 마련이다. 결과는 지켜보아야 알겠지만 어쨌든 기분 좋은 만남이었다.

상파울루로 돌아오는 길에 다시 수동변속차량을 탔다. 물론 피아트 모델이다. 디자인도 엉성하고 기능도 구닥다리다. 어떻게 이런 깡통 차가 여기서는 팔릴까? 한국 같으면 어림도 없을 텐데. 피아트도 한국 산 부품을 써야 좋은 차를 만들 수 있겠다는 생각이 들었다.

역사적으로 보면 리오 데 자네이로는 미나스제라이스주의 광산 덕분에 큰 도시이다. 그러나 한때는 브라질의 수도였으며 지금은 브라질의 2대 도시다. 덕분에 대부분 브라질 국영기업들이 리오 데 자네이로에 있다. 페트로 브라스도 예외는 아니다. 페트로 브라스는 브라질의 끈기와 인내를 대변해 주는 기업이다.

브라질은 1970년대 에너지 쇼크 이후 에너지 자급을 위해 페트로 브라스를 키우기 시작했다. 브라질 내륙에 매장된 석유가 없는 약점을 극복하기 위해 일찍부터 해저유전을 개발했다. 덕분에 현재는 해저 유전 개발에서 최고의 기술력을 인정받고 있다. 브라질에는 일부 내륙유전도 있지만 대부분 해저광구에서 석유를 생산하고 있는데 일일 200만 배럴을 생산하는 세계 17위 산유국이다. 브라질의 석유생산을 담당하는 페트로 브라스는 이미 순익 기준을 보면 미국의 엑슨모빌 다음으로 큰 회사로 성장하였다.

이런 페트로 브라스가 암염하층에 있는 심해유전 개발을 통해 제2의 도약을 준비 중이다. 심해유전 전체 매장량이 1,000억 배럴에 달할 것으로 보고 있다. 심해 유전의 기름을 본격적으로 퍼내는 2020년에는 일일 400만 배럴 이상을 생산하여 5위 산유국이 될 것으로 보고 있다. 페트로 브라스는 심해 유전 개발을 위해 대규모 투자 계획을 속속 진행하고 있다. 향후 5년에 걸쳐 2,247억 달러를 투자할 계획이다. FPOS, 시추선 등 주요 장비를 구매하게 된다. 또한 석유와 가스 운반선 그리고 작업지원선 등 고가의 선박 구매 일정이 줄줄이 잡혀 있다. 그래서 세계의 조선업계가 페트로 브라스를 쳐다보고 있다. 그러나 페트로 브라스는 자국에서 건조한 선박만 구매한다는 정책을 발표하였다. 페트로 브라스의 선박 구매 수요를 자국 조선산업 육성의 계기로 삼기 위해서다.

대형선박 건조경험이 없는 브라질은 한국과 싱가포르 등 아시아 기업과의 합작을 통해 조선소를 건설하고 있다. 페트로 브라스의 엄청난 수요가 있기 때문이다. 이미 우리나라 삼성중공업과 현대중공업 등은 브라질 측에 기술 제공을 통해 지분참여를 한 상태다.

앞으로 브라질 조선소들이 한국기술을 이용해서 선박을 건조하게 될 것이다. 우리나라의 조선기자재 업체들에게도 브라질 진출의 좋은 기회임에 틀림없다. 브라질에는 조선에 필요한 핵심기자재가 거의 없기 때문이다.

리오 데 자네이로에 있는 조선 및 해양업계 관계자들은 브라질이 마지막 남은 황금시장으로 보고 있다. "지금 브라질에 진출하지 않은 석유관련 기업은 없을 걸요. 만약 있다면 폐업을 위해 정리 중인 기업일 겁니다. 도대체 리오 데 자네이로 시내에는 사무실이 없어요. 가격이 문제가 아니지요." 갑자기 석유개발 붐이 일면서 몰려드는 기업들의 아우성이다. 리오 데 자네이로에 진출하려는 우리 조선업계도 같은 고충을 겪고 있을 것이다.

리오 시내에서 경험한 I사의 사례를 보면 우리기업의 비즈니스 기회를 확실히 엿볼 수 있다. 한국기업의 기술력과 스피드를 브라질 기업이 원하기 때문이다. "우리는 시추선 위에 올리는 모듈 30개를 주문받았어요. 물론 우리가 지금도 모듈을 생산하고 있지요. 그러나 주요 부품을 수입해야 하는데 한국이 공급할 수 있나요. 우리는 한국과 같은 스피드가 필요해요. 지금 우리는 2달에 1개 정도의 모듈을 생산하는데 언제 30개를 만들지 걱정이네요." I사 네또 이사의 걱정이다. 한국기업과 협력하려는 강한 의지를 보였다.

브라질을 대표하는 재벌회사인 EBX도 한국 기업에 대한 기대가 크다. 리오 시내의 EBX 자회사인 OSX를 찾았을 때 여러 가지 조선관련 프로젝트에 대해 자세하게 설명해 주었다. 한국 현대중공업과 협력관계 등을 설명하고 한국과의 협력을 요청했다. "우리는 현대중공업과 협력 하여 조선소를 지을 겁니다. 이미 환경영향평가도 마쳤어요. 곧 조선소 건설이 시작되지요. 한국의 좋은 조선기자재를 소개해 주면 좋겠어요."

브라질의 조선소를 돌아본 국내 업계에서는 시장개척 가능성에 자신감을 보였다. 리오 데 자네이로 동쪽의 니떼로이에는 수리 조선소들이 몰려 있다. 니떼로이에 있는 수리 조선소를 돌아본 우리 기업들은 황당해 했다. "아직도 저런 기술로 일을 하네?" "저 사람들 아직도 녹을 벗겨낼 때 산화철을 사용해." "작업 인부의 폐에 들어가면 얼마나 해롭겠어요." "우리나라는 작은 볼을 쏘아서 녹을 벗겨 내고 다시 주워 재활용 하거든요." "우리 장비를 설명했더니 관심들이 많네요." 기존의 조선소에도 새로운 장비가 필요하다. 브라질에 새로 짓고 있는 신규 조선소 수요를 감안해 보면 정말 전망이 밝은 시장임에 틀림없다.

브라질의 조선분야 에프터 마켓 시장도 크게 성장해 있다. 리오 동북쪽 180킬로미터에 있는 마까에를 찾아보면 단번에 느낄 수 있다. 마까에는 브라질 해양석유산업 중심지로 자리 잡은 지 오래다. 마까에 앞바다 해상에 45개의 심해유전 플랫폼이 있다. 500개 유정에서 하루 150만 배럴의 기름과 2억 3,600만 큐빅피트 가스를 뽑아내고 있기 때문이다. 해상유전이 고용한 인력만 해도 4만 6,000명이다. 마까에에 있는 해상 유전에서 작업을 하던 배들이 들어와 정비를 하는 곳이다. 식량을 포함해서 선박용 보급품을 가져가는 곳이기도 하다. 볼

트, 너트부터 심지어 선박에 갈아 끼울 전구까지 팔 수 있다.

그래서 브라질의 조선 관련 기업들이 현지에 지사를 가지고 있다. 사업수요 때문인지 마까에의 박람회는 매우 발달해 있었다. 우연한 기회에 찾아 본 브라질 오프쇼어 전시회는 충분히 인상적이었다. 물론 페트로 브라스를 비롯해서 브라질의 대표적인 기업들이 모두 참가했다. 독일을 비롯한 북구에서는 국가관을 운영하고 있다. 중국기업들까지. 저 사람들은 어떻게 여기를 알고 찾아 왔을까? 그런데 왜 우리 기업은 보이지 않을까? 아직 우리 기업들이 브라질 비즈니스의 맥을 모르고 있지나 않을까?

브라질을 움직이는
커피의 성지 상파울루

"정말 답답하고 무질서의 극치다. 차들은 쨈이 돼서 움직이지 않고, 웬 사람들이 이렇게 많냐?" "우리나라 강남역이 붐빈다 생각했는데, 이 사람들은 더하네." "아니, 이렇게 복잡한 길에서 담배를 피우며 걸어 다니네. 저러다 옆 사람 얼굴 지지는 것 아냐?" "저 지저분한 거지는 또 뭐야?" "모두들 감방에 사는 것 같아. 집들이 철창에 둘러싸여서…." 상파울루에 대한 불평들이다.

상파울루는 1711년에 시가 되어 300년의 역사를 가지고 있는 남미 최대의 도시다. 남반구에서는 가장 큰 세계 5번째의 도시다. 시의 인구가 1,000만이고 메트로폴리탄 기준으로 하면 2,000만이다. 어쩌면 이렇게 복잡한 것이 당연할 것이다.

그리고 상파울루는 거대도시답게 모스크바, 뉴욕, 런던 등에 이어 세계에서 억만장자가 6번째로 많은 도시이다. 상파울루 거주 억만장자 21명의 재산은 848억 달러로 우루과이 GDP의 2배에 달한다. 이런 부자들은 조용한 외곽의 전원도시에 살게 마련이다. 그러나 이들도 복잡한 도심에서 일을 할 수밖에 없으니 세계에서 가장 많은 자가용 헬기를 보유한 도시이기도 하다. "저게 카페 포토 사장 헬기에요." 공항 프로젝트 진출을 협의하기 위해 사설 공항을 방문했을 때 만난 에이젠트의 설명이다. 유명 식당이나 주점 주인들도 헬리콥터를 타고 다닌다고 하니 기가 막힐 노릇이다.

"브라질 사람들은 1950년에 상파울루 빠울리스타 거리를 건설했어요. 당시에는 전선을 지하에 매설한 아주 세련된 도시였지요! 지금은 우리 교민이 5만 명에 달하는데 1953년에 처음 이민을 왔어요. 우리가 이민을 왔을 당시에는 거지도 없고, 특별한 기술이 없어도 일거리가 널려 있는 풍요의 도시였죠. 그런데 북동부의 가난한 사람들이 1960년대 이후 상파울루로 몰려들면서 황폐해지기 시작했어요. 지금 대부분 여유 있는 사람들은 교외로 나갔죠." 초창기 상파울루로 이민을 온 사람들이 들려주는 이야기다.

상파울루는 남미 최대 도시답게 화려한 고유의 문화를 가지고 있다. 연간 9만 개의 크고 작은 행사가 열린다. "상파울루는 문화의 도시입니다. 한국서 방문한 사람들을 만나면 이런 점을 잘 알려 드려야 해

상파울루의 빠울리스타 거리

요. 물론 범죄율이 높고 자기방어를 위해 신경을 써야 하지만, 자꾸 범죄 이야기만 하면 안 됩니다." 문화의 도시임을 강조하는 상파울루 총영사의 지적은 정말 공감이 가는 부분이다.

물론 리오 데 자네이로의 카니발이 가장 널리 알려져 있다. 그러나 상파울루도 경제력을 앞세워 카니발 문화를 발전시키고 있으며, 점차 지명도를 높여가고 있다. 그리고 게이축제나 브라질 그랑프리 자동차 경주대회(F1)를 통해 200만 명의 인파를 동원한다. 패션쇼인 패션위크는 5년이라는 짧은 역사에도 불구하고 세계의 주목을 받고 있다. 지젤 번천, 아드리나 리마, 산드라 엠브로시오 등 브라질 출신 모델들의 유명세 덕분이다.

　내륙도시 상파울루는 리오 데 자네이로처럼 높은 산과 바다가 어울리는 수려한 풍경이 없다. 그러나 상파울루 특유의 낭만과 다양한 문화적 특색을 보여주는 거리들이 있다. 주요 거리마다 역사적 배경과 특색이 있어 꼭 한번 찾아 볼 만하다.

　"지난번 한국서 온 기자 한분이 세(Se) 성당에 갔다가 카메라를 빼앗겼어요. 다운타운은 위험한 지역이니 그냥 차를 타고 가면서 보세요. 내가 고등학교 다닐 때인데, 세 성당 앞에서 친구들과 놀고 있었어요. 강도가 손에 권총을 들고, 그 위를 수건으로 감싸고 있었어요. 총구가 보이던데 우리를 겨누며 지갑을 달라고 해서…." 상파울루에 갓 도착해서 들은 무서운 이야기들이다. 상파울루에 오는 대부분의 관광객들이 비슷한 이야기를 들었을 것이다. 그래서 많은 사람들이 다운타운을 두려워하고 시내의 흥미 있는 지역을 돌아보지 못한다. 그러나 상파울루는 분명 어느 도시 못지않은 흥미로운 도시이다.

　상파울루를 알기 위해서는 다운타운 지역부터 돌아보아야 한다. 다운타운에서 브라질의 역사와 힘을 느낄 수 있기 때문이다. 세 성당이 위험한 지역으로 알려져 있지만 허름한 복장에 슬리퍼를 신고 가면 안전할 것이다. 무일푼 같은 느낌을 주면 남의 관심을 끌지 않기 때문이다. 세 성당은 고딕 양식의 아름다운 건물이다. 주변의 조각과 숲들에서 푸근한 정감을 느낄 수 있다.

상파울루의 발원지 세(Se) 성당

세 성당은 상파울루가 발전하는 과정에서 구심점 역할을 하였는데 1552년 건축되었다는 기록이 있다. 그러나 지금 있는 건물은 1954년에 다시 지은 건물이다. 고딕양식으로 높이 65미터이며 8,000명을 수용할 수 있는 대규모 성당이다. 성당 내부를 보면 가톨릭 국가의 정서를 느낄 수 있다. 세 성당 앞의 넓은 광장은 웅장한 건물을 등지고 열대야자수가 좌우로 늘어서 있어 운치가 있다. 항상 많은 관광객이 찾는다.

세 성당에서 출발하여 보아 비스타(Boa Vista) 길을 지나면 성벤또 수도원에 도착한다. 성벤또 수도원은 신고딕 양식 건물로 네모반듯한 건물이 첨탑을 받치고 있는 형태다. 수도원 내에 있는 웅장한 조각과 스테인드글라스 벽화는 정말 인상적이다. 수도원을 공개하고 있기 때문에 안을 돌아보았다. "수도원이라서 그런가? 건물은 아름답고 운치가 있는데, 왠지 음침하네." 수도원을 돌아보고 난 느낌이다. 성벤또 수도원의 정면으로 쭉 뻗어 있는 길이 성벤또 길이다. 이 길을 따라 가면 상파울루의 깊은 냄새를 맡을 수 있다.

유서 깊은 커피점들이 즐비한 커피광장에서 걸음을 멈추게 된다. 따스한 봄날 식구들과 커피점을 찾았다. 많은 사람들이 흥겨운 분위기에서 대화를 하고 있다. 커피점을 나서면서 "커피 맛이 좋았어?" 아내에게 물었다. "빠울리스타에서 마시던 커피와 별 차이가 없는데." 분명히 커피 맛보다는 커피산업을 꽃피운 중심지의 커피점을 방문한다는 사실이 더욱 흥미롭게 느껴진다.

성벤또 성당에서 3블록 정도 떨어진 상파울루 시청으로 가는 길은 유통과 금융의 중심지다. 증권거래소(Bovespa)를 비롯해서 많은 금융기관들이 자리 잡고 있다. 그리고 길의 좌우에 소매점들이 있어 항상 쇼핑객들이 붐비는 거리다.

오스카 니메이어(Oscar Niemeyer) 디자인한 시청 앞 광장에서는 여러 가지 공연행사들이 수시로 열린다. 운이 좋게 때가 맞으면 즐거운 야외 공연을 접할 수 있다. 성벤또 길로 오다 시청 앞 광장에서 오른쪽으로 돌면 차의 길을 만난다. 이 길은 커피와 차를 나르는 마차가

다니던 길(Viaduto do Cha)이다. 이 길을 걸으면서 상파울루가 커피
와 차를 통해 성장한 도시임을 알 수 있다.

차의 길에 면해 있는 안항가바(Anhangaba)공원을 지나면 상파울
루 시립극장(Teatro Municipal)이 있다. 시립극장은 르네상스식 건물
이며 1911년에 건설되었다. 커피산업으로 성장한 부호들의 문화적
욕구를 충족하기 위해 지어졌다. 지금도 다양한 공연 행사로 상파울
루 시민들의 사랑을 받고 있다. 시립극장에서 서쪽으로 2블록을 가면
헤뿌블리까(Praça da Republica)광장이 나온다. 헤뿌블리까광장에서
는 일요일 새벽부터 오후 4시까지 임시시장이 열린다. 예술인들이 직
접 그린 그림을 비롯하여 다양한 예술품을 찾을 수 있다. 그리고 광물
대국 브라질답게 보석가공 목걸이와 귀걸이 등의 세공품과 원석을 살
수 있다. 이외에도 브라질 사람들의 생활을 엿볼 수 있는 다양한 기념
품이 있다.

헤뿌블리까광장의 끝자락에는 떼하수 이탈리아(Terraço Italia) 빌
딩이 있다. 빌딩 꼭대기 전망대에서는 상파울루를 한눈에 조망할 수
있다. 저녁시간에 이곳을 찾으면 감미로운 와인, 음악과 함께 야경을
감상하는 방문객이 항상 붐빈다. 한국서 기업인들이 방문할 때 가끔
씩 시간이 나면 상파울루 야경을 구경하기 위해 들르기도 한다.

다운타운과 함께 상파울루의 유서 깊은 비즈니스 중심가는 빠울리
스타 거리(Avenide Paulista)이다. 빠울리스타 거리는 항상 많은 사람
들이 붐비는 역동적인 지역이다. 비즈니스 중심지이면서 대형 행사들

이 열리는 문화중심지기 때문이다. 상파울루의 경제가 본격 성장하기 전에는 빠울리스타 거리가 있는 지역은 커피농장의 농장주들이 살던 주거지였다. 1891년에 주거지를 중심으로 대로가 만들어지고 계속 성장했다. 길이는 불과 2.8킬로미터에 불과하지만 상파울루에서 가장 높은 언덕에 위치한 특징이 있다.

빠울리스타 지역은 1950년대 이후 비약적으로 발전하였으며, 지금은 비즈니스 중심지이다. 방송국과 많은 은행들 그리고 기업들이 밀집해 있다. 최근에는 파리아 리마(Faria Rima) 또는 베히니(Berrini) 등 새로운 비즈니스 중심지가 개발되어 기업들이 분산되는 추세를 보이고 있다. 그러나 아직도 연말 전야제(Reveillon)와 게이퍼레이드(Gay Parade) 등 상파울루의 주요 축제가 펼쳐지는 상징적인 위치를 차지하고 있다. 늦은 저녁시간에도 항상 젊은이들로 붐빈다.

빠울리스타 거리는 볼거리도 풍성하다. MASP(상파울루 미술관 : Museu Arte do São Paulo)를 찾아볼 만하다. 우선 MASP의 건축학적 가치가 관심을 끈다. 건물의 구조가 직사각형이다. 네 개의 붉은 기둥이 사각형의 끝부분을 받치고 있다. 건물 안에 기둥이 없고 실내 공간이 74미터다. 공간 면적이 넓지 않아 남미를 대표하는 미술관으로서는 부족한 느낌이 든다. 그러나 속단은 금물이다. 소장 미술품을 보면 놀라게 된다. 이태리와 프랑스 미술품을 중심으로 9,000점을 소장하고 있는데, 세잔, 고흐, 마티스, 드가, 르느와르, 모딜리아니, 보나드, 피카소 등 일세를 풍미한 화가들의 명화를 소장하고 있다. 미술관

MASP 미술관

큐레이터인 죠제의 설명에 따르면 수시로 파리 루브르 박물관과 교류
전을 하고 있는 수준이다.

우리나라 서울 미술관과 추진하고 있는 교류전에 대해서도 설명했
다. "처음에는 한국 쪽에서 부정적이었어요. 이유를 몰랐는데 나중에
알았지요. 죠제는 웃으며 말했다. "MASP 소장품을 과소평가한 거지
요. MASP의 카탈로그를 보여주었더니 깜짝 놀라더군요. 한국에서
모든 MASP 소장 작품 전시를 하려면 교류전을 10년은 해야 되겠다
고 하네요." 브라질 문화의 힘을 느낄 수 있는 멘트다.

빠울리스타에는 브라질 재계의 입장을 대변하는 상파울루 산업연맹건물도 있다. 브라질 산업을 분석하고 정책건의 등 로비활동을 하는 기업인 단체다. 다양한 산업별 세미나 등이 수시로 개최된다. 산업연맹건물에 종합문화센터도 있다. 미술전람회 등 다양한 소규모 문화행사를 접할 수 있다. 숲이 우거져 하늘이 보이지 않는 뜨리아농 공원과 쇼핑센터3 그리고 빠울리스타 쇼핑몰 등 편의시설이 있어 젊은 사람들이 찾게 되는 곳이다. 더욱 중요한 것은 빠울리스타에 유명한 식당과 바가 집중되어 있다.

상파울루는 세계 어느 도시보다 다양한 인종들이 살고 있다. 백인뿐 아니라 흑인과 중동, 아시안 등 다양한 인종의 도시이다. 덕분에 여러 나라의 음식을 즐길 수 있다. 빠울리스타를 중심으로 하는 상파울루에는 62가지 종류의 음식을 파는 1만 2,000개 식당이 있다. 세계에서 가장 다양한 종류의 음식을 맛볼 수 있다. 또한 식당들의 분위기도 각기 다른 다양한 특성을 가지고 있다. 아늑한 분위기의 작은 식당부터 커다란 나무 밑이나 숲속에 자리 잡고 있는 웅장하고 여유로운 분위기까지 선택의 폭이 넓다.

상파울루의 자부심과 풍요로움, 시민 건강 그리고 폭넓은 문화생활 환경을 느낄 수 있는 곳도 있다. 상파울루 창시 400주년을 기념하기 위해 1954년 조성된 이비라뿌에라 공원이다. 160헥타르 면적에 호수와 운동시설 그리고 문화공간이 있다. 늘씬한 몸매를 자랑하며 달리는 젊은이를 항상 접할 수 있다. 우리나라 체육공원처럼 다양한 운동기구가 준비되어 있다. 공연이나 미술 관람을 하는 문화공간도 풍부하다. 뉴욕의 센트럴 파크와 같이 생활환경 개선을 위한 상파울루의 의지가 느껴지는 곳이다.

이베라뿌에라 공원에 가는 23일의 도로를 달리다 보면 멀리서부터 하늘 높이 솟은 첨탑이 보인다. 1970년에 건설되었으며 높이가 72미터인 첨탑은 공원을 찾는 사람들에게 시민의 권리 의식을 강조하는 메시지다. 1932년 헌법혁명 순교자를 위해 세웠기 때문이다.

당시 제뚤리오 바라가스 대통령이 쿠데타를 일으켰다. 그리고 헌법 절차에 따라 선출된 상파울루 출신 대통령의 취임을 막고, 군사력을 이용하여 통치하기 시작하였다. 이에 대응하여 상파울루가 봉기하였다. 제뚤리오 바라가스의 군대와의 충돌로 희생자가 생겼다. 이들을 기리기 위해 첨탑을 세웠으며, 군사정부에 반대했던 시민운동의 상징으로 받아들이고 있다.

첨탑 서편에 반데리이란찌 기념조형물이 있다. 브라질의 건국초기로 보면 상파울루는 작은 도시였다. 북동부와 달리 돈이 되는 작물이 없었기 때문이다. 금을 찾아서 브라질의 서쪽과 남쪽을 탐험하고, 주변지역에 있는 인디언을 노예로 잡아 돈을 모으는 반데이란찌들의 거점에 불과했다. 그러던 상파울루가 커피산업이 성장한 1800년대 말부터 고도성장을 하게 된다. 상파울루를 중심으로 활동을 시작한 반데이란찌들이 경제적인 부를 창출하지는 못했다. 그러나 탐험을 통해 브라질의 영토를 확장한 공로는 지대하다. 브라질 사람들에게 개척자 정신을 심어 주기 위해 1950년에 만들어진 조형물이다.

반데이란찌상

이비라뿌에라 공원은 널리 알려진 명성에도 불구하고 우리 취향과는 거리가 있다. "우리나라 올림픽공원같이 좀 깔끔하게 관리하면 안 될까?" 공원에 들어설 때의 첫 인상이었다. 정리가 안 된 어수선한 분위기다. 그래도 상파울루같이 메마른 도시에서 조깅도 하고 쉴 수 있는 충분한 공간이 있어 다행이다. 우거진 숲속의 길을 따라 호숫가를 돌 수 있는 여유가 좋다. 그리고 공원 안에 있는 박물관과 공연장이 또 다른 즐거움을 준다. 오스카 니메이어가 설계한 오디토리움에는 특별 공연 스케줄이 있다. "오늘 쥬비메타가 지휘하는 야외 공연이 있다던데, 그런 공연이 공짜일까?" "글쎄, 광고문에는 공짜로 되어 있던데."

134

"좌우간 가보자." 오디토리움 뒤편의 야외공연장으로 향했다. 오디토리움이 가까워지면서 연주 소리가 들려온다. "이 정도면 미국 시카고에 있는 라비니아 파크에서 돈 주고 듣던 것과 같은 수준인데!" 이렇게 관람료 없이 훌륭한 연주를 들을 수 있는 기회가 다른 도시에서는 흔하지 않을 것이다.

미술관의 행사들이 의외의 즐거움을 주기도 한다. "저기 웬 사람들이 저렇게 많지?" "일단 가보자." 컨템퍼러리 미술관에 몰려 있는 사람들을 보니 호기심이 생겼다. 미술관에 도착해서 안내원들에게 물었다. "오늘 무슨 행사 있어요?" "개관 54주년 기념으로 2년 마다 개최하는 비에나위(Bienal) 세계 현대미술 전을 하고 있어요." "입장료가 얼마지요?" "오늘은 일요일이라 공짜입니다." 의외로 좋은 기회라 생각하고 안으로 들어갔다. 전시실 입구에 10여 명이 모여 웅성거리고 있다. "저 사람들, 왜 저기 모여 있죠?" 안내원에게 다시 물어 보았다. "그림을 설명해줄 안내원을 기다리고 있어요." "영어 안내원도 있나요?" 의외의 성과였다. 브라질에는 있을 것 같지 않았던 영어 안내원인 아나(Ana)가 나타났다. 아나의 설명을 들으며 미국 현대 미술을 감상한 즐거운 하루였다.

컨템퍼러리 미술관과 함께 있는 현대 미술관도 있다. 상설전시장인데 별로 인상적이지 않다. 공원 내의 아프로브라질(Afro-Brasil) 박물관도 기대를 가지고 둘러보았다. 브라질에 온 아프리카 사람들의 생활상 그리고 유물들이 전시되어 있다. 전시품은 풍부하게 느껴졌다.

그러나 난해한 물품들이 너무 복잡하게 배치되어 왠지 촌스러운 느낌이다. 호수의 한편에는 일본 이민 100주년을 기념하여 지은 일본식 집과 정원이 있다. 입장료까지 받는데. 브라질에서 차지하고 있는 일본사람의 파워를 느낄 수 있었다. 어떤 구조인지, 무엇을 전시해 놓았는지 궁금했다. 귀한 돈을 내고 입장했는데, 결과는 솔직히 기대 이하였다. "저래놓고 돈을 받아도 되나?" 하는 생각을 떨칠 수 없었다.

상파울루에는 젊은이들의 사랑을 받는 특색 있는 거리들도 몇 군데 있다. 고급 브랜드 매장이 즐비한 오스카 프레리(Oscar Freri)가 대표적이다. 쇼핑을 하면서 즐길 수 있는 유명 커피숍 등 여유 공간도 잘 발달해 있다. 오래전부터 일본인 거리로 잘 알려진 리베르다지에도 주말에는 많은 사람들이 몰려든다. 일본계 슈퍼마켓과 식당 그리고 기념품 상점들이 있기 때문이다. 이외에도 비시가라는 이태리풍의 동네가 있다. 특색 있는 이태리 식당 때문에 사람들이 찾는다. 우리 교민들이 운영하는 의류상가가 모여 있는 봉헤찌로도 주말에는 젊은 쇼핑객들이 붐비는 거리이다. 한국식당들도 밀집해 있어 우리들에게는 더욱 정감이 가는 거리이다.

분명 상파울루는 저녁부터 활기를 띄는 특색이 있다. 해가 지고 맥주잔을 든 젊은이들이 바(Bar)에 모이면서부터 상파울루의 생기가 퍼져 나간다. 주말이면 우니끼(Unique)호텔 옥상에 있는 'Skye'라는 바는 항상 젊은 사람들이 모여들어 발 디딜 틈이 없다. 건물 특유의 현대적 분위기와 빠울리스타의 빌딩들과 이비라뿌에라 공원을 한눈에 내려다보는 뛰어난 경관 때문이다.

음악을 좋아하는 사람은 모에마(Moema)를 자주 찾는다. 버본스트릿(Bourbon Street)과 같은 유명 음악 바가 있기 때문이다. 다양한 장르의 음악을 들을 수 있지만 블루나 재즈 연주가 유명하다. 빌라 마다레나(Vila Madalena)를 모르면 상파울루 사람이 아니다. 젊은이들이 찾는 바(Bar)가 즐비하기 때문이다.

그러나 상파울루의 진짜 모습을 보기 위해 이뻐랑가공원(Parque de Ipiranga)으로 가야 한다. "독립이 아니면 죽음을." 포르투갈 왕자였던 동 페드로 1세(Dom Pedro I)가 1822년 말위에서 칼을 빼들고 독립을 외친 자리이다. 지금은 동페드로의 기마 동상이 세워져 있다. 주변은 베르사이유 궁전의 정원을 모델로 했다는 공원이 있고 반대쪽 끝에 빠울리스타 박물관이 있다. 박물관은 브라질 독립을 기념하여 신고전주의 양식으로 지은 건물이다. 1895년에 개관하였으며 10만 점의 유물을 소장하고 있다. 동 뻬드로 1세는 왜 수도인 리오 데 자네이로가 아니라 상파울루에서 독립을 선언했을까? 동 페드로 1세는 보니파시우(Bonifacio)로부터 상파울루 의회의 충성서약을 받고 독립선언을 결심했다고 한다. 독립을 위해서는 상파울루 재력가의 자금력이 가장 중요하기 때문이다. 이후에도 상파울루 자본이 브라질 정치에 결정적 영향을 미쳤다. 커피와 우유의 정치로 불리는 초기 공화정(1889년~1910년)이 상징적으로 보여준다. 상파울루의 커피 농장주와 광산

독립박물관.

및 목축으로 부를 축적한 미나스제라이스 사람이 돌아가며 대통령을
했던 시절이다.

커피를 기반으로 하는 상파울루의 전성기는 미나스제라이스주의
쇠락과 함께 찾아 왔다. 브라질 경제를 200년 이상 먹여 살린 금광과
다이아몬드 광산이 바닥을 드러내는 시점에 브라질에 커피가 반입된
것이다.

브라질은 1727년 프랑스령 가이아나로부터 커피 씨를 반입하는 데
성공했다. 당초에는 커피를 북동부 파라주에 심었다. 그러나 수확량

이 부족해서 주목을 받지 못했다. 그러다 1781년 커피 씨가 리오로 반입되고 주변의 주로 확산되면서 상황이 달라졌다. 커피는 급속히 동남부 전역으로 퍼져 나간 것이다. 브라질 커피는 상파울루 북동부와 리오의 남서부지역인 빠라이바 계곡을 중심으로 번성하기 시작했다.

브라질 커피와 미국의 만남도 커피산업이 도약한 중요 요인 중 하나다. 미국은 독립직후 새로운 커피 공급선을 찾고 있었다. 영국이 커피 무역을 독점하고 있었기 때문이다. 이때 브라질의 커피 공급이 증가하기 시작했다. 자연스럽게 미국은 브라질커피를 수입하기 시작했다. 생산력과 판로를 갖춘 커피산업은 하루가 다르게 성장했다. 1871년 이후에는 브라질은 연간 500만 부셸을 생산하여 전 세계생산의 절반을 차지했다. 당시 커피가 브라질 수출의 50%를 담당하였다. 커피 집산지인 상파울루에서 산토스항을 연결하는 철도가 1901년 부설되었다. 커피자본 덕분에 상파울루에 거주하는 농장주들의 정치적 영향력도 동시에 확고해졌다. 브라질에 노예제도가 폐지되자 이민을 받아들이기 시작한 것도 커피농사를 위한 농장주들의 압력 때문이다.

그러나 1930년 대공황 때 커피 수요가 급속히 줄어들면서 브라질은 어려움을 겪기도 했다. 이를 계기로 브라질 커피농장주의 정치영향력도 결정적으로 약화되었다. 물론 브라질은 아직도 부동의 커피 1위 생산국이다. 2008년 기준으로 보면 280만 톤을 생산하였다. 2위 생산국인 베트남의 2배가 넘는 생산량이다. 상파울루주, 미나스제라이스주, 에스뻬리 산토스주, 파라나주가 브라질의 주요 커피생산지다.

서리가 내리지 않는 800미터 이상의 고지대이면서 온도가 안정적이고 강수량이 적절하기 때문이다.

소비 면에서도 브라질은 미국에 이어 2위의 커피 소비국이다. 대량의 생산력과 함께 소비문화가 성장한 것이다. 아침에 항상 커피와 함께 일과를 시작하기 때문에 아침을 까페 다 망냐(Cafe da Manhã)라고 한다. 거리마다 특색 있는 커피점들이 있고 바리스타 등 전문인력 양성에도 관심이 많다. 그러나 의외로 브라질 사람들이 마시는 커피의 종류는 단순하다. 원액을 짜낸 에스프레소와 원액에 물을 타서 먹는 까리오끼(carioca)가 대표적이다. 흔하지는 않지만 커피에 우유를 타서 먹는 까페 꽁 레이찌(Cafe Com Leite)도 있다.

브라질 생산 커피의 85% 이상이 우수한 품종인 아라비카다. 그러나 브라질 커피가 고급품질이라는 이미지가 약하다. 최근 브라질은 이를 극복하기 위해 스페셜티 커피협회(BSCA)를 창설하였다. 매년 컵 오브 엑설런스 대회(COE)를 개최한다. 아메리카 대륙을 중심으로 국가별, 지역별 최고의 스페셜티 커피를 선정함으로써 높은 가격을 받고 있다.

상파울루는 다양한 커피 관련 관광상품도 가지고 있다. 토잔 커피농장에 방문한 경험은 인상적이다. 상파울루를 떠나 1시간을 조금 더 달린 것 같았다. 농장 입구에 도착했을 때 안내원이 기다리고 있었다. 먼저 농장에서 생산된 커피가 있는 쇼룸으로 들어갔다. 커피농장에서 만들어 주는 커피를 시식한 후 커피가공기계가 전시된 박물관으로 갔다.

그곳에서는 커피가 브라질에 반입되는 과정과 농장의 역사에 대한 설명이 있었다. 충격적인 것은 일본의 미쯔비시 창업주가 1927년에 토잔 농장을 구입하여 커피 농사를 시작했다는 사실이다. 제2차 세계 대전이 시작되면서 브라질 정부는 전범국가 재산이라는 이유로 토잔 농장을 몰수하였다. 그러나 전쟁이 끝난 후 돌려 준 독특한 역사를 가진 농장이다.

농장의 역사에 대한 이야기가 끝나자 커피나무를 심는 과정과 관리 요령 그리고 수확과정까지 상세한 설명이 이어졌다. 지루한 설명이 끝나고 농장에서 제공하는 차를 타고 커피나무가 있는 야산으로 나갔다. 자동차가 출발하면서 설명한다. "커피농장은 커피나무의 연령에 따라 구역이 나누어 관리하고 있어요. 오른쪽에 보이는 커피나무는 묘목을 심은 지 3~5년이 된 것들이죠. 커피는 묘목을 심고 3년 후부터 수확을 하기 때문에 저쪽 구역의 커피를 따고 있어요. 왼쪽 편의 커피나무는 1년 정도 되었네요."

한 5분 정도 차를 달렸을까 "모두들 차에서 잠시 내리세요." 관광객들이 차에서 내려 커피나무의 가지 하나를 당겼다. 많은 커피들이 주렁주렁 매달려 있다. "여기 있는 열매를 보세요. 이렇게 붉게 물든 커피가 익은 상태입니다. 딸 수 있는 시기가 되었지요. 이렇게 검게 된 것은 이미 썩은 커피라 쓸 수 없어요. 이렇게 녹색도 있지요. 아직 익지 않은 열매지요." 가지에 매달려 있는 열매를 따면서 설명했다. 그러면 "일일이 손으로 확인하며 열매를 따나요?" 하고 물어 보았다. "우리 농장은 기계로 따기 때문에 가지를 모두 훑어 버립니다. 익지 않은 것도 한꺼번에 딸 수밖에 없어요. 기계가 편하게 작동하도록 커피나무도 2~3미터 정도로 기릅니다." 수확 방법에 대한 설명이 이어졌다.

"그러면 익지 않은 커피는 버리나요?" 질문이 이어졌다. "익지 않은 커피는 따로 분류해서 커피 믹스 등 비교적 품질에 민감하지 않은 제품을 만들게 되지요." 내가 좋아하는 봉지 커피의 이미지를 흐리는 발언이 이어졌다. 차량을 다시 탑승하기 전 멀리 있는 구역을 가리켰다. "저기는 커피나무가 늙어서 잘라낸 지역입니다. 15년 정도 지나면 나무를 잘라내고 다시 심어요."

커피 밭을 한 바퀴 돌아 박물관의 반대편에 있는 건물로 갔다. 길이가 20미터 정도 되는 긴 건물이었다. 건물에는 약 3미터 간격으로 높이 1미터 폭 50센티미터나 되어 보이는 구멍이 있을 뿐이다. "저건 창고인가요?" 하고 누가 물었다. "저기가 흑인 노예들 숙소입니다. 드나들 때 숙이고 다니게 일부러 문은 작게 했지요. 복종심을 유발하기 위해서입니다."

건물의 내부는 그냥 시멘트 바닥이었다. 건물이 오래되어서 마룻바닥이 떨어져 나간 것 같은 느낌이었다. "건물내부에는 어떤 시설물도 없었고 지금과 같은 시멘트 바닥 상태였어요." 설명이 이어진다. "조그만 공간에 많은 노예를 밀어 넣어 제대로 누울 공간도 없었다고 해요. 물론 저 안에서 대소변까지 해결하면서 지냈지요." 도저히 믿기지 않는 대화들이 오갔다. 흑인 노예들의 실상이 처절하게 느껴졌다.

상파울루 다운타운에도 커피 유적지를 방문하는 투어가 있다. 상파울루의 발원지인 세 성당을 출발해서 최초의 커피점이었던 마리아 분가를 지난다. 커피줄기가 장식된 방꼬두(Bancodo Brasil) 브라질 문화센터를 돌아본다. 그리고 1913년 건설된 귀늘리 건물을 찾는다. 상파울루 유적으로 등록된 7층 건물이다. 귀늘리 가문이 커피사업으로 돈을 벌어 지은 상징적 건물이다. 상파울루 최초의 고층건물로 유명하다. 상파울루 다운타운을 보면 커피산업의 파급효과를 실감하게 된다. 그리고 성벤또 길에 있는 커피광장을 거쳐 루스(Luz)역까지 가는 코스이다. 1867년 루스역이 개통되면서 우마차가 아닌 기차를 통해 커피가 운송되기 시작한 상징성이 있는 역이다.

상파울루시가 많은 매력을 가지고 있지만 진짜 매력은 잘 발달한 주변의 위성도시들이라고 생각한다. 많은 사람들이 주말에 부담 없이 찾는 과루자를 방문해 보면 실감할 수 있다. 길게 뻗어 있는 해변에 고급 호텔들이 발달해 있다. 이유는 알 수 없지만 분명한 것이 있다. 정말 브라질 사람들은 바다를 좋아한다는 것이다. 과루자 해변의 그렇게 넓은 백사장이 인파로 가득 찬다. 한 여름 우리나라 해운대 이상이다.

비가 오고 사람이 좀 적어야 우리도 바다를 즐길 수 있는 기회가 온다. 가랑비가 내리는 날 뻬르남부꾸 해변의 소피텔에서 브라질 전통

카테일인 까이삐링야를 마시는 분위기는 정말 낭만적이다. 빼어난 자연경관과 다양한 음식들, 그리고 스포츠를 즐기는 상파울루 사람들은 여유와 낭만 속에 살고 있다. 상파울루의 남쪽 해변에 과루자뿐 아니라 패러글라이딩을 많이 하는 산토스와 윈드 서핑객이 몰리는 베르띠아고 등 아름다운 비치들이 계속 이어진다.

그리고 북쪽 내륙에는 운치 있는 산들이 있다. 등산을 좋아하는 한국 사람들은 아찌바이아의 뻬드라 그란지(큰 돌산)를 자주 찾는다. 높은 산 위의 거대한 암반이 운치를 더해주기 때문이다. 그리고 겨울철에는 많은 사람들이 깜뽀스 죠르당을 찾는다. 브라질의 알프스로 불리는 별명에서 짐작할 수 있다. 아름다운 경치와 잘 발달한 음식점과 숙박시설 그리고 다양한 산악 스포츠를 즐길 수 있기 때문이다. 상파울루에서 웬만큼 산다는 사람들은 과루자 같은 바닷가 그리고 깜뽀스 죠르당 같은 곳에 별장을 가지고 있다. 브라질 사람들이 행복한 이유가 아닐까 생각된다.

상파울루는 여러 모습을 가지고 있지만 과거와 미래가 공존하는 특징도 가지고 있다. 유통산업 분야에서 이러한 특성을 더욱 강하게 느낄 수 있다. 아직도 전통적인 재래시장이 막강한 영향력을 행사하고 있다. 상파울루 다운타운에 25번가가 있다. 의류를 비롯하여 악세사리 등 다양한 제품을 판매하는 소규모 잡화점들이다. 우리나라의 남대문 시장을 연상하면 된다. 차이점은 남대문시장보다 규모가 5배 정도 크다는 점이다. 그리고 방문객도 항상 붐빈다. 명절에 붐비는 우리

상파울루의 쇼핑상가

나라 재래시장 수준이다. 평상시에도 사람들과 부딪히기 때문에 빠른 걸음으로 다니기 힘든 정도다.

이렇게 붐비는 이유는 가격 때문이다. 까루프 같은 전문매장보다 싼값에 여러 생활용품을 살 수 있다. 물론 품질이나 반입경로 등에 의문이 생기지만. 상파울루에서도 유통질서 확립을 위한 개선노력을 하고 있는 상황이다. 그리고 전자상가도 있다. 산타 이피제냐 거리를 중심으로 형성된 거대시장이다. 5,000여 개의 전기·전자분야 유통상이 몰려 있다. 그래도 한국 상품의 접근이 가능할 것 같아 시장조사를 해보았다. PC냉각팬 등 극히 일부 품목만 있다. 한눈에 보아도 이상한 브랜드가 붙은 상품들이 즐비하다. 역시 품질 등 여러 가지 면에서 의문이 있지만 가격 민감도 때문에 번성하고 있는 시장이다.

그러나 상파울루를 싸구려 시장으로 보면 큰 오산이다. 소비자들이 품질에 민감해지고 있다. 무조건 싸구려보다는 품질 위주 쇼핑을 하는 소비자가 늘고 있다. 이들 덕분에 유통망이 변혁기를 맞고 있다. 지역별로 쪼개져 있던 유통망이 통합되고, 브라질 전역을 커버하는 유통업체들이 나타나고 있다. 가장 발 빠르게 움직이는 곳이 빵지아수까이다. 브라질 토종기업으로서 유통업계를 선도하고 있다. 현재 9개의 프랜차이즈를 가지고 있다. 특히 전자제품 전문매장인 까자스 바이아를 인수하는 등 제품판매 영역도 확대하고 있다. 유럽의 까르푸와 미국계 월마트도 빠르게 몸집을 키워 나가고 있다. 월마트도 9개 브랜드에 약 500여 개 매장을 가지고 있다.

월마트 바이어와 상담은 브라질 소비구조를 이해하는 데 큰 도움이 되었다. "월마트도 브랜드 파워만 믿고 장사를 시작했다 혼났어요. 미국 매장 물건을 그냥 갖다 놓았더니 팔려야지…. 상파울루에서는 어떤 제품이 팔리는지 연구를 많이 했어요. 그리고 또 다른 실수도 했고."

브라질은 지역별 소비특성이 다르다는 점도 강조했다. "상파울루 매장의 인기제품을 꾸리찌바에 보냈는데 이상하게 안 팔려요. 브라질은 지역별로 인종구성이나 소비습관이 달라요. 세분화 전략이 꼭 필요한 시장입니다. 월마트는 소비자가 원하는 제품을 공급할 제조업체를 찾고 있습니다. 한국에 좋은 상품이 있으면 소개해 주세요. 월마트 매장은 저가품을 팔기 때문에 한국 상품과 맞지 않을 수 있어요. 그러나 샘스 클럽은 중·고가를 겨냥한 시장이라 다르죠. 품질위주 한국제품도 팔릴 수 있어요. 정밀도가 높은 유리그릇 등이 대표적인 예라고 생각해요." 항상 변화는 기회를 동반한다. 변화하는 브라질이 우리기업들에게 새로운 기회를 주고 있는 것이 분명하다.

내가 느껴도 브라질은 지난 2년 사이에 큰 변화가 있었다. 길거리의 차를 봐도 갑자기 유럽 유명 브랜드 차가 많이 늘었다. 최고급 자동차의 대명사인 롤스로이스도 대리점을 연다는 뉴스가 이상하지 않다. 중국, 러시아 등 다른 브릭스(BRICS) 국가보다 명품판매가 저조했던 브라질에 명품 바람이 불고 있다. 언론의 보도가 잘 설명해 주고 있다. "브라질 명품 시장, 2015년까지 평균 15% 성장 예상", "남미 전체 명품 시장의 30% 점유 전망" 로이터 통신 보도 내용이다. "브라질 메이커 운동화 소비 증가", "펫 샵 연간매출 100억 헤알", "헤어용품 매출 79억 달러 기록" 등 싸구려 짝퉁 시장에서 명품 시장으로 변해가고 있는 브라질의 소비 트랜드를 알리는 기사가 이어지고 있다.

브랜드와 명품을 파는 유통업체도 늘고 있다. 이지아나 폴리스 쇼핑몰의 부띠끄나 디자이너 매장을 보면 실감할 것이다. 이과떼미 백화점도 리모델링을 통해 유명 브랜드 제품 매장을 늘리고 있다. 시다지 자르딩 백화점은 입점 브랜드나 고급스러운 이미지와 부대시설 면에서 세계 최고 수준이 분명하다.

상파울루의 또 다른 모습은 첨단기술과 제조업의 중심지라는 점이다. ABC라고 불리는 상파울루의 서남쪽 공단에 GM, 폭스바겐, 포드 등 브라질 BIG4 중 3개 기업이 자동차를 생산하고 있다. 룰라 대통령도 여기서 노조운동을 통해 정치인으로 성장한 사람이다. ABC공단의 정치력을 짐작할 수 있을 것이다.

상파울루의 북쪽에 있는 깜삐나스시는 브라질의 실리콘 벨리이다. IBM을 비롯하여 세계 굴지의 ICT기업이 있다. 물론 우리나라 삼성전자도 여기서 휴대폰과 태블릿PC 등을 생산 중이다. 그리고 브라질이 자랑하는 중형항공기 제조사인 엠브라에르도 상파울루에서 동쪽으로 2시간 거리인 성 조제두스 깜뽀스시에 있다. 이렇게 강력한 상파울루주의 제조, 유통 및 서비스업 독식체제 때문에 상파울루주가 브라질 전체 경제의 33%를 담당하고 있는 것이다.

상파울루는 다시 한번 성장 모멘텀을 찾고 있다. 2022년 엑스포를 개최하기 위한 유치활동에 착수하였다. 상파울루 제계 인사들은 엑스포 유치에 자신감을 보이고 있다. "월드컵과 올림픽 동시 유치가 얼마나 어려운 일이죠? 우리는 해냈습니다! 엑스포 개최, 물론 경쟁에서 이겨야 하지만 자신감을 가지고 있어요. 브라질의 성공이 중남미와 아프리카 등 주변국들에게 좋은 영향을 미치기 때문이지요." 상파울루에서 열릴 엑스포 2022를 기대해 본다.

PART 03

행복에 취해 사는 사람들

Brazil

반짝이는 아이디어를 가진 행복의 나라

"브라질리아는 미래 달나라에나 건설될 것 같은 공상의 도시 같은 곳이죠. 세계적 건축가로 유명한 오스카 니메이어가 설계한 정말 독창적인 도시입니다. 브라질 사람이 아니면 이런 창의적 발상을 하지 못했을 거예요." 브라질리아로 가는 비행기 안에서 노르베르또가 자부심을 가지고 브라질리아에 대해서 설명하였다. 상파울루를 출발한 지 1시간이 좀 지났을까? 비행기가 브라질리아에 도착을 때는 노르베르또의 말과 달리 노르스름하게 타버린 잔디와 말라비틀어진 나뭇가지들이 우리를 맞이했다.

그러나 공항에서 택시를 타고 30여 분을 달려 도심에 도착하면서 새로운 분위기가 전개 됐다. 커다란 호수를 지나면서 푸른 숲과 잔디

브라질리아 시가지

밭 그리고 건물들이 시야에 들어오기 시작한 것이다. 인공 도시 특유의 정갈한 느낌이 물씬 풍겼다. 브라질 상무부 사람들과의 약속 시간에 늦지 않게 아침 이른 비행기를 타고 허겁지겁 왔더니 1시간 이상의 여유가 있었다. 막간을 이용해서 정부기관들이 밀집한 다운타운 남쪽에 있는 통신용 타워에 잠시 올라갔다. 거기서 내려다 본 시가지는 충격적이었다.

정말 스타워즈 같은 영화에서 보았던 공상과학 도시 느낌이다. 도심의 중앙 대로를 따라 양쪽으로 특색 있는 디자인의 건물들이 늘어서 있다. "저기 있는 건물이 국회 의사당입니다. 휴머니즘을 상징하는

브라질의 국회 의사당(하원, 상원)　　　　　　　브라질리아 대성당

'H'자 모양의 쌍둥이 건물이예요. 왼쪽에 접시를 엎어 놓은 모양의 건물이 상원, 오른쪽에 접시를 바로 놓은 모양이 하원 건물이지요. 날개를 달고 비상하는 것 같이 생긴 저 건물은 대통령 관저입니다." 같이 간 노르베르또가 열심히 설명한다. 스타워즈에서 보았던 우주정거장 형태의 국립박물관을 비롯하여 피라미드 모양의 국립 극장, 16개의 기둥으로 세워진 아메리카인디언 텐트인 티피(Tipi) 모양의 대성당 등 독특한 디자인의 건물들이 질서정연하게 늘어서 있다.

　다른 어떤 도시에서도 볼 수 없는 도시의 모습이었다. 이러한 브라질리아의 독특한 건물 디자인 때문에 1987년 유네스코에 의해 세계문화유산으로 지정되었다. 브라질 사람들이 오스카 니메이어를 사랑하고 그의 건축 디자인에 대해 강한 자부심을 가지는 이유를 알 수 있었다.

　브라질에서는 방어 목적을 위해서라도 수도를 내륙으로 옮겨야 한다는 논의가 이미 오랫동안 진행되었다. 그러나 항상 말만 무성한 곳이 브라질이다. 그러나 1950년대 고도 성장기를 거치면서 상황이 달라졌다. 국가의 이미지를 새롭게 하고 해안을 중심으로 성장한 국가의 균형 발전을 위해 1960년에 수도 이전을 단행한 것이다. 해안의 리오 데 자네이로(Rio de Janeiro)에 있던 수도를 내륙의 브라질리아(Brasilia)로 옮겼다.

쥬젤리노 쿠비체크(Juscelino Kubitschek, 1902~1976) 대통령은 수도를 옮기면서 브라질만의 멋과 현대화 된 모습을 보여주기 위해 당대 최고의 건축가들을 초빙하여 도시 설계를 맡겼다. 브라질리아는 비행기 형태의 독특한 디자인으로 이루어진 도시이다. 비행기의 동체 부분이 동서축으로 놓여 있다. 그리고 비행기의 양쪽 날개를 남북축으로 배치하였다. 비행기 조종석부분에는 대통령궁과 상·하 양원 국회의사당 그리고 대법원 건물이 있다. 동체 중간 부분은 정부기관과 오피스빌딩 등 높은 건물들이 있다. 남북의 날개 부분에 저층의 주택가들이 자리 잡고 있다. 특히 날개가 동체와 만나는 중앙 부분에 대중교통 환승 센터를 비롯하여 은행, 호텔과 쇼핑센터 등 편의시설이 배치되어 있다.

왜 쥬젤리노 대통령은 리오에서 900킬로미터 떨어진 내륙의 아무도 살지 않는 곳에 새로운 도시를 건설 했을까? 브라질리아 지역은 해발 1,100미터의 고원이고 세하두(Cerrado, 사바나성 기후) 지역이라 건기에는 주변 지역이 붉게 타는 척박한 환경이다. 건조한 기후에 대비하고 용수 공급을 위해 대형 인공호수를 만드는 작업부터 시작된 도시이다. 모든 과정이 인공적으로 이루어지다 보니 막대한 비용이 들었다. 부족한 자금은 자연히 외채로 충당했다. 1970년대와 1980년 대 브라질을 괴롭혔던 막대한 외채의 시발점이 브라질리아 건설이라고 한다.

브라질리아 건설에 많은 부담을 떠안았지만, 브라질리아는 브라질 사람들의 대국적인 기질과 독창성을 추구하는 성격 그리고 미래에 대한 도전 정신을 잘 보여주고 있다. 수도 이전 50년을 맞이하면서 어엿한 도시의 모습을 갖추었다. 국토의 균형성장 기반을 조성한 것이다. 브라질리아로 수도를 이전하면서 세하두 지역 개발에 박차를 가하기 시작하였다. 덕분에 척박한 기후에서 곡물을 재배할 수 있는 기술을 개발하는 계기가 되었다.

브라질이 브라질리아 같은 독특한 도시를 건설할 수 있었던 것은 우연이 아니다. 항상 자유분방하고 창의성을 추구하는 사람들의 생활 습관을 보면 실감할 수 있다. "아니 무슨 집이 이래! 거실이 작아서 TV에 코를 박고 보네. 그런데 부엌에서 발레 연습을 하나? 부엌은 엄청 크고…." 상파울루에 부임해서 임차할 집을 보러 다닐 때의 첫 번째 느낌이다. "이건 또 뭐야? 집 주인이 술집 주인인가? 웬 집안에 거창하게 바를 만들어 놓았지? 집이나 크면 모르겠지만! 거실은 쥐꼬리만 하게 해 놓고." 두 번째 찾아 간 집에서도 짜증이 났다.

우리가 보기에는 집의 쓰임새가 정말 형편없다. 왜 이러냐고 부동

산 중개업자에게 물어 보았다. 브라질에서는 사람들의 개성이 강하기 때문이란다. 아파트를 지은 업자는 집의 뼈대까지만 만들어 분양을 한다. 그러면 집을 산 사람들이 집의 배치와 내부 수리를 직접 하게 되는 것이다. 사람들의 개성에 따라 배치도가 결정되기 때문에 집의 구조가 천태만상이다. 우리나라 같으면 반듯한 거실을 중심에 두고 방이 몇 개 있고 부엌과 창고 등 정형화되어 있는데 정말 대조적이다.

브라질에 살면서 이런 현상은 여러 곳에서 체험하게 된다. 심지어 식당들도 집의 구조나 장식 또는 독특한 음식 등으로 유명한 집들이 많다. 삭막한 도심에서 아늑한 느낌을 주는 휘게이라(Figueira) 식당이 대표적이다. 식당 입구에 들어서면 커다란 무화과나무가 손님들을 맞이한다. 몇 백 년이 되었다는 징그럽게 큰 가지가 머리위에서 팔방으로 뻗어 있다. 나무 밑에 앉아서 맥주를 마시며 식사를 기다린다. 야외에 소풍을 온 것처럼 푸근한 느낌이다. 흉물스러운 상파울루 도심에서 그나마 피난처라는 느낌이다.

상파울루는 여름에 소나기가 자주 온다. 식사가 막 나오려는데 비가 오기 시작한다. 음식이 비에 젖으면 어떻게 될까 하는 불안감에 나뭇가지를 올려다보았다. 나뭇가지 밑으로 투명 유리 지붕을 만들어 놓았다. 나무 밑에서 빗소리를 들으며 하는 식사는 오랫동안 기억에 남는다.

상파울루에 오래 살던 주재원이 귀국을 하면서 까(Kaa, 정원)라는 식당을 한번 가보라고 추천을 했다. 어떤 곳일까? 궁금한 마음에 찾아보았다. "식당의 벽은 울창한 수풀이고 지붕은 투명한 플라스틱이었다. 날씨가 맑으면 지붕을 열어 시원한 공기를 마시면서 식사를 할 수 있다. 물론 비가 오면 지붕을 덮어 비를 막는다. 아이디어가 좋다고 생각하며 벽을 자세히 보았다. 실내인데 어떻게 저렇게 우거진 수풀이 있을까? 여러 가지 종류의 난과 같은 식물들로 덮여 있었기 때문이다. 화초를 화분에다가 담아 벽을 덮어 놓은 것이다. 화분이 들어갈 만한 크기의 격자형 철사를 엮어 놓고 수백 개 화분을 격자 구멍에 집어넣은 것이다. 멀리서 보니 마치 벽이 우거진 수풀같이 보였다.

우리 사무실이 있는 빠울리스타(Paulista)는 서울의 테헤란로같이 땅값이 장난 아니게 비싸다. 그래서 대부분의 식당들이 조그맣다. 그런데 브라질 전통 음식을 파는 식당이 넓고 시원한 분위기로 꾸며져 있어 정말 마음에 들었다. '야! 이집은 투자를 많이 했구나' 싶었다. 그런데 식사를 마치고 나오면서 보니 양측의 벽면전체를 거울로 만들어 놓았다. 실내 공간이 크게 넓지 않은데 거울에 반사되어 굉장히 넓게 보인 것이다. 식당의 메뉴들이 관심을 끄는 집들도 많다. 해물을 파는 전문점이고, 실내구조는 평범하다. 그러면서 가격은 무지하게 비싼 집이다. 이런 집에 왜 손님들이 붐빌까? 몇 평 되지도 않는 식당 입구의 작은 공간에서부터 이유를 알 수 있다. 마치 우리나라 포장마차와 같이 꾸며 놓고, 군침 도는 싱싱한 해산물들을 진열해 놓았다. 식당에 들어가기 전에 굴이나 해산물로 와인 한 잔을 하면서

브라데스꼬 은행 크리스마스 장식

기분을 상쾌하게 한다. 그리고 식당으로 들어가니 확실히 식사 후 만족도가 높았다. 그리고 식당에서 파는 해산물들도 신선도와 여러 가지 면에서 최고급이다. 상파울루에 있는 빠울리스타의 많은 식당들은 이와 같이 톡톡 튀는 아이디어를 바탕으로 한 개성 있는 집들이다. 상파울루에 특징적인 식당들이 즐비하는 것은 결코 우연이 아니다. 사람들이 집안 디자인부터 의복 등을 통해 개성을 가꾸는 훈련을 받은 결과로 생각된다.

브라질은 가톨릭 국가이기 때문에 크리스마스 시즌이 요란하다. 미국이나 기독교 문화 국가들의 공통된 현상이지만 브라질은 유난을 떠

이따우 뱅크 크리스마스 장식

는 경향이 있다. 일부 시 정부에서는 크리스마스 장식 경연대회를 통해 더욱 화려한 장식을 유도하기도 한다. 빠라나(Parana)시에서 기업들을 대상으로 크리스마스 장식 경연대회를 개최했다. 가장 장식을 잘한 기업의 가옥세를 면제해 주는 것이다. 크리스마스 장식 대행업체가 성업 중이고 장식비를 줄이기 위한 재활용 그리고 독특한 장식에 대한 사람들의 관심이 집중된다.

상파울루시의 빠울리스타(Paulista)는 특히 크리스마스 장식으로 유명하다. 매년 연말 화려한 크리스마스 장식으로 뒤덮인다. 브라데스코 은행(Bradesco Banco)과 이따우 은행(Itau Banco) 등 돈 많은 기업들이 화려한 장식을 하기 때문이다. 매년 새로운 개념의 독특한 디자인으로 장식하기 때문에 사람들의 방문이 끊이지 않는다. 2011년 브라데스코 은행은 20여 층 전체 건물을 뒤덮어 장식을 했다. 푸른 정글을 연상케 하는 나무와 정글의 길게 늘어진 풀을 만들고 여러 가지 동물들 그리고 종교적 인물들을 가미한 장식이다.

빠울리스타거리의 크리스마스 장식

브라데스꼬(Bradesco) 은행 앞의 인도는 해만지면 사람들로 꽉 막혀 지나다닐 수 없는 정도다. 건물 전체를 선물이 가득한 파티장으로 분장시킨 이따우(Itau) 은행도 마찬가지다. 상파울루시에서 대형 장식을 만든다. 빠울리스타 대로 위를 가로지르는 대형 아치를 만들고 아치 속에 각종 크리스마스 장식물들을 채워둔다. 항상 호기심이 많은 상파울루 사람들의 흥미를 자극하기 충분했다.

크리스마스를 앞둔 2주간 주말에는 10차선 빠울리스따 대로의 교통을 완전히 차단했다. 그렇게 넓은 도로가 상파울루 외곽에서 모인 사람들로 가득 찼다. 10차선 도로가 인산인해로 새벽까지 붐비는 진풍경이다. '저렇게 장식과 연말행사에 쓸 돈이 있으면 버스노선이라도 정비할 수 있을 텐데….' 하는 생각이 든다. 분명하게 우리와는 돈을 쓰는 우선순위에 차이가 있다.

브라질에는 이렇게 대중적인 행사뿐만 아니라 개인이 주관하는 파티문화도 매우 발달해 있다. 약혼이나 결혼파티, 친구들 간 연말파티 등 특별한 경조사에 파티를 여는 경우가 많다. 그런데 특징적인 것은 항상 새로운 드레스를 입고 파티에 참석하는 것이 호스트에 대한 예의로 생각한다는 점이다. 파티 때마다 세심하게 패션 감각에 신경을 쓰지 않을 수 없다. 새로운 디자인의 옷을 찾아야 하고, 파티 때마다 옷을 구입해야 한다. 이런 분위기 때문에 이따임 비비(Itaim Bibi)나 봉 헤찌로(Bom Retiro) 등 드레스 전문점이 점점 늘어나고 있다. "브라질 여성들은 좋은 파티가 있으면 반드시 참석한다. 능력 있는 남자를 만나고 결혼을 잘 할 수 있는 기회이기 때문이다"는 통설이 있다. 배금주의적인 생각들이 일반화되어 있고 패션 감각이나 산업이 발달하는 중요한 이유일 것이다.

브라질의 주거 그리고 의상문화와 함께 음식문화에도 창의성이 배여 있다. 세계 어느 나라보다 다양한 음식을 개발한 독창성이 물씬 풍겨나기 때문이다. 브라질의 음식은 세계 어느 나라보다 다양하다. 가장 유명한 음식으로는 포고 지 셔웅(Fogo de Chão) 브랜드로 미국을 비롯해서 많은 나라에 알려진 슈하스꼬(Churrasco)가 있다. 브라질 남부의 소치는 목동들인 가우슈(Gaucho)들이 개발하여 보급

된 음식이다. 여러 가지 부위의 고기를 구워서 먹을 수 있도록 제공하는 음식점이다. 브라질 사람들이 수요일이나 토요일 점심으로 훼이조아다(Feijoada)를 먹는다. 검은 콩과 돼지나 소의 코, 귀, 혀, 발 그리고 소세지 등 온갖 부위를 잘게 잘라서 넣고 끓여 만든다. 그리고 고비(케일을 채로 썰은 것)와 화로파(Farofas, 만쥬오까로 만든 가루)를 곁들여 먹는다. 공항 등에서 가볍게 먹을 때 많이 찾는 치즈빵(Pão de Queijo)를 비롯하여 꼬씽냐(Coxinha) 등이 유명하다. 지역별로 발단한 음식들도 많이 있다. 바이아(Bahia)주에서 시작된 아까라제(Acaraje)와 무께까(Moqueca)도 특징 있는 음식이다. 아까라제는 완두콩 가루로 만든 빵을 팜오일에 튀긴 것이다. 작은 새우등을 아까라제에 넣어 먹고 나서 무께까를 먹는다. 무께까는 우리나라 민물 생선 매운탕과 비슷하다. 생선이나 새우 등 해물과 코코넛 우유, 토마토 및 향신료 등을 넣고 끓여 만든 음식이다. 미나스제라이스(Minas Gerais)식 음식들도 많이 있다. 미나스제라이스 음식은 독특한 매운맛이 특징이다. 하바다(Rabada)를 비롯하여 프랑고 꽁 끼아보(Frango com quiabo)와 같이 각종 야채와 고기를 삼아서 만든 음식들이 많다.

미국에도 뉴올리언스 지역에 가면 매운 맛이 나는 걸쭉한 음식인 에토피(Crowfish Etoffee) 그리고 수프 같은 검보(Gumbo) 등 독특한 케이젼(Cajun) 음식이 발달해 있다. 그리고 미국 뉴멕시코주에만 있는 소파피아(Sopaipilla) 등 지역별 음식들이 있지만 브라질의 풍부한 음식문화와는 분명히 크나큰 차이가 있다.

일반 사람들의 생활 속에서 이런 브라질 특유의 행태를 볼 수 있다. KOTRA 상파울루 직원들과 가을 야유회를 하면서 브라질 사람들은 모두 독특한 요리 솜씨를 가지고 있다는 것을 느꼈다. "드디어 돼지갈비가 나왔으니 먹어 보세요." 이미 배가 부른 사람들에게 잘 구운 돼지 갈비가 배달되었다. 약간 매콤한 맛에 고소하고 부드러운 고기 맛이 일품이었다. "누가 구운 거지?" 요리사가 누군지 궁금했다. 조금 후 요리를 담당한 '찌아고'가 왔다. "이거 정말 맛있는데 어떻게 구웠지?" "돼지 고기는 약한 불에 오래 구워야 하지요." "그런데 양념도 중요한 것 같아. 매운 듯하면서 고소한데?" "양념 소스는 저만의 비밀이에요." 사무실에서 별로 튀지 않고 조용한 성격의 젊은 남자 직원인데 요리솜씨는 일급이다.

점심 식사가 끝나 갈 무렵이다. "이거 한 잔 해 볼래요?" "이게 뭐지?" "까이 삐링야에요." 플라스틱잔에다 까이 삐링야(Cai Pirinhã)를 한잔 건네주었다. 까이 삐링야는 큼직한 잔에다 레몬을 짓이겨서 즙을 내고, 거기에 얼음을 담고 사탕수수로 만든 브라질 전통주 까샤샤(cachaca)와 설탕을 넣어 만든 칵테일이다. 웬만한 식당에서 먹은 까이삐링야 보다 맛이 좋았다. "대단하네. 누가 만들었지?" "더글라스가 만들었어요." "고맙다고 전해줘." 사무실에서는 항상 일하는 스피드가 느려서 좋은 평가를 받지 못하는 직원이지만 특기를 발휘한 것이다. 이들 모두 전문가 수준의 요리 실력이라고 생각된다. 풍요롭고 즐겁게 지내는 생활에서 나오는 여유로 보인다.

이와 같이 풍부한 음식문화, 자유분방한 삶의 형태가 브라질 사람들을 행복하게 하는지도 모르겠다. 나는 행복합니다(Eu Estou Feliz)! 가 브라질을 상징하는 표현으로 널리 알려져 있다. 브라질 사람들은 작은 행복을 즐기는 경향이 있다. 주중에는 도심의 바(Boteco, Bar)에서 맥주를 마시면서 수다를 나누고, 토요일은 바닷가에 가서 맥주를 마신다. 아니면 동네 사람들이 모여 온 종일 축구를 하면서 즐거운 하루를 보낸다. 물론 맛있는 음식을 만들어 먹는 일도 매우 즐긴다. 그래서 짧은 역사에도 불구하고 세계 어느 나라 못잖게 지역별로 다양한 음식이 발달해 있다.

브라질 사람들의 행복감은 국민들에 대한 인식도 조사 결과에도 뚜렷하게 나타난다. 브라질 〈다타폴랴(Datafolha)〉의 조사 결과를 보면 현재의 삶이 행복하다고 응답하는 브라질 사람의 비율이 91%에 달한다. 반면 행복하지 않다는 응답은 5%에 그쳤다. 응답자들을 분석해보면 기혼자들이 미혼자보다 더욱 행복하게 느끼고 있으며, 백인이 흑인보다, 여성이 남성보다 더욱 행복감을 느끼는 것으로 나타났다. 브라질 사람들이 생각하는 행복의 요건을 분석해보면 안정된 가정과 자유로운 생활 그리고 다양한 여가생활 등 여유시간이었다. 금전적 여유나 건강 등에 대한 중요성은 상대적으로 낮게 평가되고 있다. 대부분 사람들이 항상 축구를 하면서 지내기 때문인지 자신들의 건강상태가 매우 좋은 것으로 생각한다.

브라질 통계청에서 상파울루 시민들의 행복도를 조사한 결과를 보면 월수입 2,000헤알(약 1,000달러) 수준의 가정이 가장 높은 행복감을 느끼고 있는 것으로 나타났다. 월수입이 1,300헤알 이하일 때는 수입이 늘어날수록 행복도가 높아지지만, 월소득 3,000헤알 이상인 가정의 행복감은 오히려 떨어지는 것으로 나타났다. 그리고 도심에 있는 주민들 보다는 도시 변두리 지역주민의 행복감이 높게 나타났다. 영국 신경제단(NEF)이 143개국의 국가별 행복지수를 산출한 결과를 보아도 경제력과 행복지수가 꼭 비례하는 것은 아니다. 이 조사에서 코스타리카가 세계에서 가장 행복한 나라로 꼽혔다. 인구가 500만 명에도 미치지 못하는 작은 나라, 1인당 국민소득이 6,580달러에 불과한 개도국이다. 코스타리카 이외에도 중남미 국가들이 상위 10위권을 휩쓸었다. 도미니카 공화국, 자메이카 등에 이어 브라질은 9위를 기록하였다. 독일 51위, 이탈리아 69위, 프랑스 71위, 영국 74위, 일본 75위 등 대부분 선진국들의 순위는 낮게 나왔다. 한국은 중간 정도인 68위를 기록하였다.

브라질 내부에서뿐만 아니라 다른 나라에서도 브라질 사람들의 낙천적인 생활태도를 부러워하고 있다. 〈포브스(Fobes)〉 조사 결과는 좋은 사례일 것이다. 〈포브스〉가 세계 20개국의 1만 명을 대상으로 어느 도시에 사는 사람들이 행복해 보이는지 묻는 설문조사를 하였다. 결과를 보면 리오 데 자네이로 시민이 가장 행복하게 사는 사람들로 지목되었다. 카니발 이미지가 큰 영향을 미친 것으로 볼 수 있다. 브라질 사람들은 항상 여유롭게 노래를 부르고 춤을 추면서 사는 사람들로 비춰지는 것이다. 리오 데 자네이로의 조사결과를 보면 미래에 대한 걱정보다는 오늘을 즐기는 브라질 사람들의 기질을 이해할 수 있다. 60% 이상의 브라질 사람들은 반드시 휴가를 간다. 경기침체로 어려우면 비용 부담이 적은 곳을 택하더라도 휴가를 갈 것이라고 대답했다. 2011년 브라질 잡지사의 기사를 보았다. 인터넷 기사검색어를 이용하여 브라질 사람들의 주말 습관을 분석한 기사다. "토요일에는 주로 술집을 찾거나 영화를 보러간다", "일요일에는 쇼핑을 가거나 축구를 보러간다", "월요일에는 병원을 찾는 사람이 많다" 내가 느낀 브라질 사람들의 일상생활과 비슷한 면이 많았다. 목요일이나 금요일부터 도심을 다니다 보면 맥주를 파는 바(Boteco, Bar)는 항상 사람들로 넘쳐난다. 늦은 시간에 도심을 지나다 수많은 사람들이 모여 있는 것을 보았다. 무슨 시위대 같았다. "저 사람들 뭐하고 있죠?" 브라질 현지 사람에게 물었다. "디스코텍에 들어가려고 기다리고 있어요." 하고 대답한다. "지금 시간이 11시가 다 되었는데?" 이상해서 되물었다. 웃으면서 하는 말이 "상파울루 디스코텍은 12시에 문 열어요." 그리고 새벽 4~6시까지 놀다 집으로 간다니 언제 일을 하는지 모를 노릇이다.

토요일 쇼핑몰을 가면 항상 영화관이 붐빈다. 상파울루가 워낙 큰 도시다 보니 해안으로 가는 길은 더욱 고통스럽다. 모두 가족들과 또는 친구들하고 해변으로 간다. 대단한 일을 하러 가는 것이 아니다. 그저 일광욕을 좋아하니까 햇빛에 피부를 구우면서 맥주 마시는 정도다. 상파울루에서 산토스(Santos)나 과루자(Guaruja) 등 가까운 해변까지 1시간 정도 거리다. 그러나 주말에 가려면 보통 4시간 이상 소요된다. 브라질 사람들은 밀리거나 말거나 무조건 바다를 찾아 나선다. 특히 연휴는 정말 대책 없는 행렬이 바다로 이어진다. "부르노 변호사, 이번 연휴에는 뭐할 거죠?" 가끔씩 업무상 연락하는 법률회사의 파트너 변호사에게 물었다. "해변으로 가족 여행을 갈 예정이에요." 하고 당연한 듯이 대답한다. 상파울루 교외에 멋있는 전원주택을 가지고 있는 변호사의 주말 계획이다. 도심에 사는 사람이라면 주말에 도로사정이 좋지 않다 해도 해안으로 간다는 계획을 이해할 수 있다. 그러나 교외의 전원주택에 살면서 왜 그 고생을 해야 하는지 쉽게 이해가 가지 않는다. 그야말로 낙천적이며 해변을 사랑하는 브라질 사람이다.

브라질 사람들의 이런 생활습관 때문에 생산성이 떨어지는 것이 일반적이다. 브라질에서 노무관리가 가장 힘든 이유이다. "브라질 사람의 창의력이 뛰어난 것은 분명해요? 왜 그렇게 생각하시지요?" "일을 시켜 보면 알아요. 하드웨어 적으로 조립하고, 만들고 고치는 일은 분명히 잘 못해요. 그러나 소프트웨어 개발을 맡겨보니 곧잘 하네요." "무슨 소프트웨어를 개발하지요?" "휴대폰을 비롯해서 남미에서 전자제품을 팔기 위해서는 소프트웨어를 바꾸어야 해요. 언어나 남미 사람들의 작동 습관 등에 따라 프로그램을 바꾸거든요." 이런 소프트웨어를 조정하는 일은 브라질에서 현지 사람들을 데리고 하는데 전혀

166

문제가 없다고 한다. "그러면 뭐해요? 항상 애를 먹이는데… 성실하지 않은 근태 관리하느라 애먹고, 툭하면 월급 투정이나 하니… 회사를 그만두라고 하면 꼭 소송을 하려고 달려들어요." 정말 노무관리가 힘들다며 고개를 절레절레 흔든다.

하루하루를 행복하게 사는 습관 때문일까? 브라질 사람들은 남에게도 친절하다. "브라질 사람들은 친절한 것 같아요." 내가 브라질에 도착했을 때 대부분 지상사 사람들이 공감하는 말이다. "친절한 것은 좋은데, 사람을 당황하게 하는 엉터리 같은 사람들도 많아요." 길을 물었더니 알지도 못하면서 엉뚱한 곳으로 알려주는 바람에 고생한 사람들도 한둘이 아니다.

"쟤들 뭐하는 거야. 저거 연습할 시간 있으면 공장가서 숙련공이 되겠다." 자동차가 항상 밀리는 상파울루의 교차로에 으레 나타나는 서커스를 하는 사람들을 보면서 하는 말이다. 밀려서 신호를 기다리는 운전자들을 상대로 갖가지 기교를 부린다. 그리고 정차해 있는 차들 사이를 다니면서 돈을 달라고 손을 벌리는 사람들이 너무나 많다. "그래도 무작정 달려들어 손 벌리는 애들 보다는 나은 것 같아." 브라질 사람들은 그들을 옹호하려 노력한다.

아무런 수입원이 없는 거리의 악사들이나 서커스를 하는 사람들, 심지어 거리의 홈리스도 얼굴표정은 어둡지가 않다. "저 사람들은 감정도 없나?" 우리들 기준으로는 정말 이해가 가지 않는다. 주차장 관리요원들도 "뚜두벵?(잘 되가니?)" "따봉!(좋아!)" 하면서 마냥 웃는 사람들이다. 업무상 만나는 주정부 공무원이나 기업인이 한 번이라도 얼굴을 본 적이 있는 사람이면 만면에 웃음을 머금고 쫓아와 서로 포옹을 한다. 정말 반가운 듯이….

행복에 도취된 브라질 사람들은 분명히 친절하고 격의가 없는 장점을 가지고 있다. "어, 이사람 뭐야? 어색하게 왜 이러지?" 상파울루에 도착해 어학 강사를 구해서 주 3회 수업을 듣는다. 첫 날 인사를 하고 간단한 수업을 한 후, 두 번째 만났을 때 다짜고짜 쫓아와 포옹을 하며 인사를 한다. 나에게는 상당히 당황스러운 순간이었다. 강사가 돌아 간 후 현지 직원들에게 황당했던 경험을 설명했다. 의외의 대답을 들었다. "미스터 김, 브라질에 왔으니 브라질식에 익숙해지세요. 브라질 사람들은 친밀감을 표시하기 위해 그렇게 인사를 하거든요." 현지 직원의 설명이다. 남자든 여자든 항상 서로 끌어안거나(Abraço, 아브라스), 볼을 부비는(Beijo, 베이죠) 인사가 아주 일반적이다. 서로간의 애정과 믿음을 나타내기 위해서이다. 이런 황당한 경험은 나만이 아니었다. 지상사 주재원으로 온 부인들이 애들 학교에 갔을 때 이런 황당한 경험을 많이 한다고 한다. 학생들을 오랫동안 지도한 선생들이 친밀감을 나타내기 위해 학부모들에게 브라질식 인사를 하려고 달려들기 때문이다.

그리고 친절한 브라질 사람들 간에 잘 통하는 여러 가지 제스쳐가 있다. 대표적인 것은 엄지손가락을 치켜세우는(Thumb's up) 것이다. 차를 운전하다가 끼어들기를 하거나 상대에게 약간의 양해를 구해야 할 일이 있을 때는 웃으면서 엄지손가락을 치켜세워서 보여준다. 브라질에선 반드시 익숙해져야 하는 제스처로서 이런 동작이 대부분의 경우 상대방의 양보에 감사하는 표시로 받아들여지기 때문에 웃으면서 끼어들기를 허락할 것이다.

친절과 함께 격의 없는 인간관계도 브라질 사람들의 장점임에 틀림없다. "노르베르또, 어차피 브라질에 왔으니 브라질리아를 한번 방문해야겠다." 브라질의 수도 브라질리아를 방문해서 대사관 등 관계 기관에 인사를 하기 위한 계획을 세워야 했기 때문이다. "우선, 브라질의 개발 상공부를 방문하도록 미팅을 잡아봐라." 나의 지시에 따라, 우리 현지 직원인 노르베르또가 브라질의 상무부에 연락을 했다. "그러지 말고 조지 미구엘 개발상공부 장관이 다음 달 상파울루를 방문하니 그때 만나는 것이 어떻겠냐고 묻네요." 노르베르또가 상무부의 메시지를 전해 준다. "그래, 좋은 기회다. 그런데 장관이 직접 우리 무역관과 면담에 참석한대?" "그렇대요."

브라질 상무장관과 면담 일정은 잡은 후 정말 장관이 직접 나타날지 다른 사람이 나타날지 반신반의하면서 기다렸다. 약속 날자가 되어 상파울루의 브라질 산업은행 회의실로 갔다. 약속 시간에 조지 미구엘 개발상공부장관이 APEX사장, 브라질 산업은행 국장과 같이 나타났다. 우리나라의 월드컵, 올림픽 경험을 설명하고 한국기업과 브라질 간의 협력 방안, 한국과 브라질 자동차 기업 간 협력 방안 등에 대한 브라질 정부의 생각을 이해하는 데 좋은 기회였다. 브라질 사람들이 시간을 잘 지키지 않고 약속을 어기는 경향이 있어 우리를 당황하게 할 때가 많다. 그러나 높은 공직에 있는 사람들도 격의가 없고 편안하게 대하는 장점이 있는 것도 분명하다.

삼바 카니발과
이어지는 축제들

"삼바드롬(Sambadrome)은 주차장이 없어요. 택시를 타고 가야 합니다." 삼바 경연대회가 열리는 곳이 삼바드롬이다. 브라질에 도착한 지 2주밖에 안돼서 동서남북도 모르는 사람에게 택시를 타고 가라니 걱정이 앞선다. "브라질은 치안이 좋지 않다던데? 괜찮을까? 삼바 공연을 좀 일찍 시작하지 하필이면 왜 밤 11시나 되야 시작을 해. 어두운 밤이라 다니기가 무서운데…" 이런저런 고민이 앞섰다. 어쨌든 용기를 내서 택시를 타고 가기로 했다. "포어를 못하는데 택시운전사에게 뭐라고 말해야 하지?" 하고 마땅한 포어를 궁리했다. "바모스 삼바드롬(Vamos Sambadrome!)' 하면 돼요." 상파울루에 도착한지 3주가 지났지만 아직 전셋집을 못 구하고 호텔에 있는 상황이다. 돌아올 때는 호텔명함을 보여주면 되겠지? 두려움보다 새로운 문화에 대한 호기심이 더 컸었나 보다. 좋아! 가야 겠다. "입장료는 얼마죠?" "지금은 표가 다 팔렸어요. 암표를 사야해요." "좌우간 2장 구해 주세요." 입장권까지 구하고 축제날을 기다렸다. 그리고 축제 당일 밤에 긴장된 표정을 억지로 감추고 호텔 앞에서 택시를 탔다. "바모스 삼바드롬!" "따봉!" 그래도 어떻게 말이 통했나 보다. 택시가 움직이기 시작했다. 30분여를 달렸을까? 도저히 더 이상 차가 접근 할 수 없는 인파들 앞에서 택시는 우리를 내려주고 가버렸다. "웬 사람이 이렇게 많아? 이 줄은 뭐고? 저 줄은 또 뭐야? 어느 줄에 서야 되지? 말이 통해야 알아볼텐데… 일단 문 앞으로 가서 들어가는 것을 보고 줄을 따라 다시 뒤로돌아오자." 둘이서 한 30분 정도 줄을 서 있었을까? 건너편 줄의 사람들이 우리를 보고 자꾸 뭐라고 하는데 무슨 뜻인지 알 수가 없다. 한참만에 비로소 이유를 알게 되었다. 두 줄의 차이점을 유심히 살펴보니한쪽은 여자들, 또 다른 쪽은 남자들이다. 결국 한 사람은 줄을 다시서야 되네. 우리가 선 줄이 남자들의 줄이어서 우리 집사람이 다른 줄의 맨 뒤로 갔다. 1시간 동안 줄을 서서 기다린 끝에 드디어 출입구에도착했다. 줄이 나누어지는 이유를 알았다. 허우대가 좋은 사람이 나오더니 나의 온 몸을 3분 동안이나 더듬었다. 나중에 알았지만 혹시나무기가 반입되면 안 되기 때문에 수작업으로 몸수색을 하고 있었다. 천신만고 끝에 삼바드롬에 입장은 했는데…. 이게 또 뭐야? 넓이가 50미터 정도 되어 보이는 길이 똑바로 뻗어있다. 길의 길이가 700미터 정도인데 삼바공연팀이 지나가는 길이란다. 그리고 길의 좌우에 3단 높이의 야구장 스탠드 같은 좌석들이 배치되어 있다. 너무 늦게 들어가서 그런지 이미 행사는 진행되고 있었다. 고막이 찢어질 듯한 강렬한 음악 소리가 울려 퍼지고 있다. 기본적으로 미국의 디즈니랜드와 우리나라 에버랜드에서 보았던 퍼레이드구나 하는 것이 느껴졌다. 삼바 경연은 10개 정도의 팀이 돌아가면서 퍼레이드를 펼치는 것이다. 5,000명으로 구성된 각 팀이 700미터의 경연장을 1시간에 걸쳐 퍼레이드를 하면서 지나간다. 가장 독특하면서도 멋진 의상과 장식 그리고 대형을 연출해야 한다. 5,000명이 일사분란하게 자기의 역할에 따라 춤을 추면서 지나간다. 5,000명이 정사각형 형태의 대열을 유지하면서 춤을 추는 모습은 매우 인상적이었다. 대부분 공연팀들은 선두에 지휘자가 가고 뒤이어 100여 명의 사람이 도보로 뒤를 따른다. 특이한 의상을 입고 춤을 추고 노래를 부르면서 지나간다. 이어 복잡하게 장식한 거대한 마차들이 나타났다.

마차위에서 브라질 특유의 무희들이 춤을 추는 모습이 보인다. TV에서 브라질 삼바축제 때마다 보도하는 화면이 떠올랐다. 대형 마차가 지나가고 나면 다시 보도로 걷는 100여 명의 무희그룹이 나타난다. 이렇게 사람들과 거대한 마차 등 장식물들이 교차하면서 나타나는데 디자인이나 색상 등이 모두 독특하다. 내가 너무 늦게 경연장에 입장을 하다 보니 이미 첫 팀 행렬의 1/3 정도 지나간 뒤였다.

삼바드롬을 찾기 전에는 모두들 점잖게 스탠드에 앉아서 퍼레이드

상파울루 축제

를 감상할 줄 알았다. 그런데 이게 뭐야? 앉아 있는 사람은 한 명도 찾을 수 없었다. 모두들 맥주잔을 들고 일어서서 삼삼오오 엉켜서 자기들 끼리 웃으면서 춤을 춘다. 신나는 음악과 퍼레이드 하는 사람들의 춤사위 그리고 스탠드에 모인 사람들의 노래와 춤이 엉켜 축제의 분위기가 한껏 고조되었다. 첫 팀의 퍼레이드가 끝나고 잠시 쉬는 시간이 있었다. 그렇게 열정적이던 브라질 사람들도 지치나 보다. 퍼레이드가 진행되는 동안 1시간이나 서서 고함지르며 난리를 치던 사람들도 스탠드의 좌석에 앉았다. 맥주로 목을 축이며 휴식을 취했다. 그러나 조용한 휴식은 잠시뿐, 다시 굉음이 울리면서 다음 팀이 나타났다.

174

약속이나 한 듯이 모두 일어서며 함성을 지르고 춤을 추기 시작한다. 이렇게 밤을 세워 공연을 한다는데, 밤새도록 있고 싶지는 않았다. 적당한 시간을 선택해서 호텔로 돌아가기로 했다. 그러나 사람이 미어져서 입구 쪽으로 빠져 나오는 일도 쉽지 않았다. 브라질 사람들은 체력도 좋구나! 어떻게 저렇게 밤새 놀 수 있을까? 의아해 하며 택시를 탔다.

브라질의 카니발은 지역별로 개최되는데 리오와 상파울루는 경연장인 삼바드롬에서 개최된다. 매년 삼바대회에서 우승한 팀은 포상금도 받고, 앙코르 공연과 해외 순회공연 등 여러 가지 혜택이 있다. 그리고 광고 협찬까지 기대할 수 있다. 그래서 삼바스쿨들이 팀을 조직하고 훈련시켜서 대회에 참석하는 것이다. 삼바스쿨은 단순히 춤을 가르치는 교습소가 아니다. 삼바축제 때 카니발 퍼레이드에 참가하는 팀을 이룬다. 이들이 카니발을 이끌어가는 핵심조직이다. 리오 데 자네이로와 상파울루의 삼바스쿨들은 카니발 행사 주최 측에서 매년 발표하는 주제에 따라 공연 계획을 수립하고 팀원들을 훈련시켜 대회에 나가게 된다. 대부분의 삼바스쿨은 도시의 특정 구역에 자리 잡고 있으며 그쪽 지역에 있는 사람들이 삼바스쿨을 적극 후원한다. 좋은 삼바스쿨을 만드는 것을 지역의 자랑으로 생각하기 때문이다. 물론 스쿨의 핵심 인력이야 정해져 있지만 카니발 때는 5,000여 명이나 참가하는 대규모 팀을 꾸려야 한다. 많은 일반인들의 참여를 끌어내야 한다. 삼바스쿨을 방문해서 연습과정을 지켜보면 이런 구조를 더욱 정

삼바스쿨의 연습장면

확히 이해할 수 있다. 삼바스쿨들은 일반 사람들을 모집하여 퍼레이드의 단순한 역할을 담당하게 한다. 일주일에 한 번정도 모여 연습을 한다. 빌라 마리아에 있는 삼바스쿨을 찾았을 때 체육관 같은 곳에 100여 명이 모여 있었다. 삼삼오오 모여 엉덩이를 흔드는 사람. 스텝 연습 등 각양각색이다.

뒤쪽 코너에는 20명이 모여 드럼을 치며 연습곡 연주에 여념이 없다. 조금 있으면 전체 연습이 있다는 통보가 왔다. "8시에 연습이 시작됩니다." 그러나 8시가 되어도 아무런 움직임이 없었다. "아니, 9시가 넘어도 움직임이 없네." 글쎄요. 모두들 황당한 표정이다. 이윽고 10시 정도가 되었을까? 소그룹의 사람들이 모여들더니 대형이 갖추어졌다. 연습이 시작된다. 모두가 곡에 맞추어 드럼과 북을 치면서 춤을 추는 연습에 몰입한다. 삼바팀을 구성해 가는 과정을 보는 것도 새로운 경험이었다.

기본적으로 춤을 좋아 하니까 참가하겠지. 그래도 연습장에 오느라 차비도 들고, 시간도 뺏기는데. 삼바스쿨에서 사람들 모집하기 힘들지 않을까 하는 의구심을 가졌다. '저 사람들을 저렇게 동원하려면 돈을 주어야 할 텐데? 연습생들이 얼마를 받기에 브라질 사람답지 않게 저렇게 열심히 연습할까?' 우연한 계기로 나의 의문이 풀어졌다. 일본무역진흥기관인 JETRO의 사이또를 만났을 때다. 이런저런 사업 아이디어에 대한 이야기를 하다가 화제가 카니발로 돌아갔다. 내가 먼저 카니발에 대한 이야기를 꺼냈다. "금년 2월 삼바 드롬에 갔었어요. 지치지 않고 노는 브라질 사람들의 열정에 놀랐어요." 나의 말이 떨어지기가 무섭게 사이또는 반응했다. "아, 나는 지금 브라질에 두 번째로 파견되어 근무하고 있어요. 첫 번째 근무지는 리오 데 자네이로였어요. 그때, 삼바스쿨에 등록을 하고 연습을 했죠." 사이또가 말했다. 나도 삼바스쿨에 가본 적 있어요. "공연 연습에 시간을 많이 뺏길 것 같던데. 얼마동안 연습을 했나요?" 궁금해서 사이또에게 물었다. "일주일에 한 번 정도, 약 6개월간 연습을 하기 때문에 문제없어요. 매주 금요일 저녁에 모여 같이 춤추는 연습을 합니다." 사이또가 경험담을 전해 주었다. "그 사람들 유니폼도 입고 있고, 소품을 들고 행진하던데. 모두 공연팀에서 공짜로 나누어 주나보죠?" 하고 나는 다시 물었다. "아니 모두 각자 돈을 내고 사야 돼요. 삼바 경연에 참가하기 위해서는 삼바스쿨에 500달러 정도 등록금도 내야 되거든요. 돈을 좀 썼습니다." 사이또의 대답이 황당했다. 정말 이상하다. 자기 돈을 쓰고 시간도 뺏기면서 삼바경연에 참가를 해?

삼바는 배꼽을 뜻하며 아프리카 흑인의 배꼽춤에서 유래한 것으로 알려져 있다. 배꼽을 맞추는 동작에 흑인특유 힙(Hip) 동작을 가미하고, 거친 바운스가 더해진다. 여기에다 브라질에 살고 있던 포르투갈 사람들의 부드러운 춤사위도 더해져서 탄생한 춤으로 보고 있다. 삼바는 사탕수수 농장에서 일하던 흑인노예를 중심으로 동북부 지역으로 전파되기 시작했다. 본격적으로 외국에 알려진 것은 리오 데 자네이로 카니발 때문이다. 삼바드롬에서 열리는 리오 데 자네이로 카니발이 가장 널리 알려져 있다. 그러나 브라질 흑인문화 중심지인 살바도르와 헤시피의 거리 카니발이 점차 인기를 얻고 있다. 북동부 카니발은 무대장식을 한 트럭위에서 유명 가수들이 노래를 부르며 이동한다. 카니발 참가자들은 트럭을 따라다니기도 한다. 그러나 지나가는 트럭을 조망하기 좋은 위치에 블록을 설치하고 구경을 한다. 블록에 들어가는 입장료가 비싸서 일반인보다 기업에서 구매하여 마케팅에 활용하는 경우가 많다.

브라질의 전 지역에서 크고 작은 카니발 축제가 벌어지는데 리오 데 자네이로, 상파울루, 살바도르 그리고 헤시피 올린다 카니발이 브라질 4대 카니발로 불린다. 카니발은 다양한 경제적 효과를 창출하고 있다. 예를 들면 축제 공식 후원 등이다. 우리나라 삼성전자도 살바도르 카니발을 공식후원 한다. 축제 후원금을 납부하는 대가로 각종 기업 이미지 프로모션 활동을 하는 형태이다. 삼바 축제를 보기 위해 모여드는 주요 라운지에 삼성전자 제품을 전시한다. 그리고 축제목록 검색 등 주요 장비로 갤럭시탭을 이용하기도 한다.

카니발 축제의 가장 중요한 효과는 관광수입이다. 카니발 기간 중 브라질 내국인뿐만 아니라 외국 관광객들이 대거 몰려든다. 2011년 리오 데 자네이로 카니발 입장권 가격은 평균 150달러 수준인데 전화판매를 시작한지 32분 만에 매진되었다. 리오 데 자네이로 관광청은 2011년는 카니발 축제 기간 중 100만 명이 방문하여 6억 달러를 소비하였다고 발표하였다. 특히 이 중 외국인이 50만 명이고 이들이 리오 데 자네이로에 머물면서 소비한 돈이 5억 달러가 넘는다고 밝혔다. 호텔 매진은 기본이고 일반인 거주 아파트를 축제 기간 중 임차하는 민박도 활성화되어 있다. 식당이나 바(Bar)들은 평균 60% 이상 매출이 증가한다.

브라질에는 카니발 외에도 대형축제들이 많이 있다. 신년전야축제 (Reveillon)도 빼놓을 수 없는 중요한 축제이다. 신년전야제 행사로 가장 유명한 곳은 리오 데 자네이로의 꼬빠까바나 해변이다. 상파울루에서도 휴가를 내고 많은 사람들이 다녀올 정도다. 꽃을 실은 배를 바다에 띄우면서 복을 비는 행사가 있다. 그리고 해변에서 펼치는 화려한 불꽃놀이가 신년을 알린다. 상파울루의 신년행사도 대단하다. 매년 경찰 발표에 따르면 상파울루의 빠울리스타 거리에 200만 명이 모인다. 신년 전야 축하 공연에 이어 신년 카운트다운 그리고 불꽃놀이가 이어지기 때문이다. 그리고 상파울루 남쪽 과루자를 비롯하여 브라질 전역의 바닷가에도 인파가 몰린다. 신년이 되면 브라질 주요 지역의 바닷가에서 열리는 불꽃놀이에 참여하기 위해서다. 신년이 되면 흰 옷을 입고 전야제에 참가하고 불꽃놀이를 본 후 파도를 7번 뛰어 넘는 풍습이 있다고 한다. 가톨릭 국가라는 이미지와는 어울리지 않는 풍습이다.

이렇게 브라질에 많은 축제가 있지만, 가장 특이한 것은 빠린찐스(parintins)시에서 개최되는 보이붐바(Boi Bumba)가 아닐까 생각된다. 아마존강 중류에 위치한 도시로써 마나우스에서 보트로 가려면 25시간이 걸리는 외진 지역인 아마존(Amazonas)주의 동쪽 끝에 있는 도시다. 인구 11만 5,000명의 조그만 도시다. 그런데 리오 데 자네이로 카니발에 이어 두 번째로 큰 페스티발을 개최하는 배경은 무엇일까? 그것은 독특한 아이디어를 발전시키면서 1년간 갈고 닦은 솜씨가 출중하기 때문이라고 한다. 풍성한 볼거리가 관광객들을 불러들이고 있다. 작은 도시에 너무 많은 사람들이 몰려서 숙박시설이 없는 것은 당연하다.

축제 기간 중에 방문하는 많은 사람들이 선상에서 자거나 밤 세워

보이붐바 축제

술을 마시고 놀면서 시간을 보낸다. 보이 붐바(Boi Bumba)는 황소의 춤을 의미한다. 황소의 환생이라는 전설 같은 이야기를 주제로 2개 팀으로 나누어져 춤과 노래로 경쟁하는 페스티발이다. 삼바드롬 같은 U자형의 스탠드에서 경연이 진행된다. 경연은 두 개 팀 간 경쟁이다. 푸른색과 흰색기가 상징인 'Boi Caprichoso' 팀과 붉은색 및 흰색기가 상징인 'Boi Garatido'다. 각 팀은 4,000명으로 구성되었으며 드럼을 중심으로 하는 밴드그룹이다. 심판들이 의상과 음악 등 여러 요소를 평가하여 승리한 팀을 정하게 된다. 포상금이나 트로피를 주는 것은 아니지만 명예를 걸고 두 개 팀이 경쟁을 벌이게 된다.

축제는 6월 마지막 주 3일간 개최되며 바디 페인팅 등 유행을 창출하기도 한다. 축제의 매력은 공연장에서 뿐만 아니라 음악과 춤이 넘쳐나는 거리에서도 느낄 수 있다. 불꽃놀이와 함께 전설 속 동물상을 만들어 퍼레이드도 펼친다. 고기와 생선 바비큐 그리고 야자수 종류 등 열대과일을 중심으로 하는 음식도 꽤 유명하다. 경기가 끝나면 두 개 팀은 바로 이듬해 카니발에 대비한 새로운 주제를 개발하고 공연 계획을 수립하는 일에 착수한다.

브라질의 축제 중에서는 그랑프리도 빼놓을 수 없는 중요한 이벤트 중 하나다. 브라질에서는 축구에 이어 F-1(Fomula One)이 두 번째로 인기 있는 스포츠이기 때문이다. 브라질에서 오랫동안 개최되어 온 행사의 역사가 이러한 인기를 뒷받침한다. 상파울루의 인터라고 트랙에서 개최되는 그랑프리 상파울루는 1973년부터 공식 F-1 캘

브라질 F-1 영웅 아일통 세나

린더에 포함되어 온 중요행사다. 브라질에서 F-1이 인기가 있는 이
유는 아일통 세나(Ayrton Senna) 같은 영웅 때문인지도 모른다. 많은
브라질 사람들은 F-1 대회의 전설적인 영웅 아일통 세나를 아직도
자랑스럽게 생각한다. 이미 국제대회에서 27승을 하고도 최고의 승
부사적 기질을 발휘한 아일통 세나의 1991년 우승에 대한 이야기는
전설적이다. 경기 도중 자동차의 기어가 고장이 나자 6단에 고정시
키고 20바퀴를 돌아 우승하는 기적을 이루어 내었기 때문이다. 그때
까지 아일통 세나는 세계적 명성을 가지고 있었지만 브라질 국내 대
회 우승은 없었다. 그리고 이런 징크스를 극복하고 브라질 국민들에
게 국내대회 우승의 기쁨을 선사하기 위해 불가능에 도전하였고 경

기 중 고장 난 차를 몰고 기어이 우승을 해냈기 때문이다. 브라질 국민들이 그를 더욱 그리워하는 것은 그가 한창의 나이에 경기 중 사망했기 때문인지도 모른다.

브라질 인터라고에서 우승하여 국민들을 열광하게 만든 3년 뒤인 1994년 이태리 산 마리노 그랑프리(San Marino Grand Prix) 경기 중 34세의 젊은 나이로 사망하였다. 아일통 세나는 젊은 나이에 세상을 떠났지만 4차례의 챔피언 우승과 29번의 우승이라는 대기록을 남겼다. 그 후 브라질에 아일통 세나 재단이 설립되었고 600만의 청소년 레이서를 길러내어 F-1 종목에서 브라질의 위상을 높이는 데 크게 기여했다. 상파울루의 F-1 대회는 매년 10월 개최되는 행사이며 각지에서 관광객이 몰려든다. 상파울루의 호텔방이 모두 동이 나는 인기 이벤트다.

브라질은 가톨릭국가이지만 인권보호라는 명분으로 종교적 신념에 배치되는 제도를 도입하는 양면성을 보이고 있다. 게이들에 대한 인권 보호에서도 이런 면이 잘 나타나고 있다. 상파울루시는 동성 간의 결혼을 허용하는 주법을 가지고 있다. 그리고 상파울루에는 수십 개의 게이 바가 있어 게이들 간의 사회적 네트워킹이 쉽다. 또한 각종 유흥이나 문화시설이 다른 도시들보다 게이들이 살기 좋은 도시로 평가 받고 있다. 이런 사회적 분위기 때문에 세계에서 가장 큰 게이 축제가 열리는 나라에 속한다. 200만 명이 참가하는 세계 최대 규모의 상

상파울루 게이축제

파울루 게이축제는 오랜 역사를 가지고 있다. 축제기간에는 세계 각 지의 게이들이 모여 빠울리스타 대로에서 행진을 벌인다.

화려한 의상을 입고 동성애를 상징하는 무지개색 깃발을 흔든다. 웅장한 음악 속에서 춤을 추며 행진한다. 상파울루 축제에 뒤질세라 리오 데 자네이로에서도 유사한 행사가 열린다. 꼬빠까바나 해변의 게이축제에도 100만 명의 게이들이 참가한다.

정열과 단합의 심볼
삼바 축구

'브라질 중앙은행, 각 은행들이 브라질의 월드컵 경기 중에는 점포를 폐쇄할 수 있도록 허용' 2010년 남아공 월드컵을 할 때 언론에 보도된 내용이다. 모든 것을 팽개치고 축구 매달리는 브라질 사람들의 관심도를 가장 단적으로 보여주는 사례가 아닐까 생각된다. 브라질 기업들은 브라질의 월드컵 경기가 있는 날 아예 파티를 열기도 한다. 종업원들에게 푸짐한 음식을 제공하고 경기를 함께 응원함으로써 단합을 고취하는 시간을 갖는 것이다. 이런 회사의 배려가 없으면 직원들이 경기가 있는 시간동안 무단으로 자리를 비우는 것이 확립된 관행으로 알려져 있다. 사정이 이렇다 보니 2010년 남아공 월드컵 기간 중 브라질의 국민총생산 감소액이 12억 달러라고 한다. 그나마 브라

186

축구황제 펠레

질이 중반에 탈락하는 바람에 GDP 손실액이 적은 편이었을 것이다.

브라질은 유일한 월드컵 전 대회 출전국이다. 그리고 5회의 최다 우승국으로서 전 세계가 인정하는 축구강국이다. 1958년 스웨덴, 1962년 칠레 그리고 1970년 멕시코대회에서 우승하여 초대 월드컵인 줄리메컵을 영구 보관하는 국가가 되었다. 그 후 1994년 미국과 2002년 한일 월드컵 대회에서 우승하였다. 화려한 브라질 축구의 역사로 짐작할 수 있듯이 세계 축구계의 황제도 브라질 출신이다. 그는 현재 나이 71세다.

펠레는 2011년 CNN인터내셔널과 인터뷰에서 자신에 대한 찬사를 늘어놓았다. 전 세계 최고의 축구선수는 바로 자신이라고 강조했다. 그는 25년간 활약한 자신의 발자취에 자부심을 가지고 있다.

1950~1970년대 프란트 베켄바우어, 바비찰튼, 디에고 마라도나 등 10년 이상 활약한 선수들도 있지만 자신의 커리어에 견줄 만한 사람은 없다고 단정한다. 펠레는 브라질 4대 프로클럽의 하나인 산토스 출신이다. 펠레는 17세의 나이에 세계 챔피언 자리에 올랐고 월드컵 3회 우승의 위업을 이루었다. 1969년 11월 19일 1,000번째 골을 기록하였고 통산 1,281골이라는 경이적인 기록을 남겼다. 지난 2000년에는 FIFA가 선정한 20세기 최고의 선수로 뽑히는 영광을 누리기도 했다.

브라질의 축구황제 펠레와 아르헨티나 축구영웅 마라도나의 자존심 경쟁이 화제가 되기도 했다. 마라도나의 재림으로 불리는 메시와 제2의 펠레로 불리는 브라질 축구의 샛별 네이마르에 대한 평가를 놓고 언쟁이 벌어진 것이다. 펠레가 라디오 인터뷰를 통해 "세계 최고의 선수로 평가받는 메시와 네이마르를 현 상태에서 비교할 수는 없다. 그러나 네이마르는 메시를 능가하는 선수로 성장할 것"이라고 주장하였다. 이에 대해 마라도나는 "누가 뭐래도 메시는 최고의 선수다. 네이마르가 메시를 능가할 수 있을지 의문"이라고 반격했다. 이러한 논쟁은 축구 강국 브라질과 아르헨티나의 자존심 대결로 이해할 수 있다. 인접국가 간의 경쟁의식 때문일 수도 있다. 브라질과 아르헨티나간의 축구 경기는 정말 치열하다. 한·일 간의 대결을 능가하는 수준이다. 브라질 사람은 누구나 브라질이 에콰도르나 볼리비아와의 경기에서 지는 것 보다 아르헨티나와의 경기에 지는 것은 더욱 참을 수 없다고 말한다.

축구황제 펠레의 영향력은 아직도 건재하다. "축구황제 펠레의 상표가치는 3억 5,000만 달러"라는 내용의 일간지 보도가 있었다. 이러한 배경 때문에 '펠레'의 상표권을 가지고 있는 브라질 광고대행사는 각종 스포츠용품 판매에 펠레의 유명세를 이용하고 있다. 브라질은 물론, 영국과 독일 등 유럽국가 그리고 미국시장에도 펠레 브랜드를 이용한 제품을 출시한다는 계획이다. 브라질의 축구영웅 펠레는 1976년 미국 뉴욕의 코스모스팀으로 이적할 때부터 각종 계약을 통해 거액을 거머쥐었다. 펠레의 경제적 가치가 확인되기 시작한 것이다. 펠레의 정치적 영향력도 막강하다. 2014년 브라질 월드컵 명예대사로 위촉되었다. 지우마 호세프 대통령은 오를란도 실바 체육장관을 통해 펠레를 2014년 월드컵 명예대사로 위촉하는 내용의 포고령을 발표했다. 펠레는 앞으로 브라질 정부와 브라질 월드컵 조직위원회를 대표하여 각종 행사에 참석한다. 브라질 정부와 국제축구연맹 간의 이견을 조정하는 역할도 맡게 된다. 펠레는 2014년 브라질 월드컵을 원만하게 치르기 위한 준비 노력을 강화해야 한다고 촉구하고 나섰다.

축구의 나라 브라질에서 개최될 2014년 대회는 더욱 흥미진진한 대회가 될 것이다. FIFA는 2014년 브라질 월드컵 일정을 공개하였다. 브라질 월드컵 경기는 12개 도시에서 치르게 된다. 2014년 6월 13일 상파울루에서의 개막전을 시작으로 7월 14일 리오 데 자네이로에서 열리는 결승전까지 32일간 열전이 이어진다. 개막전은 상파울루 코린치안스 프로팀의 홈경기장으로 건설 중인 이타케라 스타디움에서 열린다. 이타케라 경기장은 2013년 9월에 완공 예정이다. 결승전은 브라질 축구의 승지 마라카낭 스타디움에서 개최된다. 마라카낭 스타디움은 1950년 브라질서 개최된 월드컵 결승전 당시 20만 명의 관중을 수용하여 세계 최다 관중을 수용한 기록을 보유하고 있는 경기장이다. 지금은 안전문제 등을 고려해 8만 석 규모로 리모델링하는 공사가 진행 중이다.

브라질은 월드컵 개최를 위해 206억 달러를 투자할 예정이다. 경기장 건설뿐 아니라 도로와 공항 등 인프라를 개선해야하기 때문이다. 월드컵 경기가 2년 앞으로 다가 오면서 브라질 정부의 마음도 조급해지고 있다. 월드컵이 개최되는 12개 도시의 경기장과 공항을 서둘러 마무리해야 되기 때문이다. 브라질 정부는 인프라 구축 프로젝트의 속도를 내기 위해 정부지원 예산의 집행절차를 대폭 간소화한다고 발표했다. 연방경제은행(CEF)과 경제사회개발은행(BNDES) 등 2개 국영은행이 동시에 금융지원 절차를 최대한 간소화 할 예정이다. CEF는 공항, 항만 공사 등에 115억 헤알을 지원한다. 그리고 BNDES는 경기장 공사에 57억 헤알을 지원할 예정이다. 현재 가장 논란이 되고 있는 이슈는 공항 확장공사이다. 브라질 응용경제 연구소는 브라질 항공 승객이 연간 10% 가량 증가하고 있는데, 2014년 월드컵이 열리는 해에는 13개 공항에 1억 5,000만 이상의 인파가 몰릴 것으로 보고 있다. 그래서 2014년 월드컵에 대비해서 13개 공항을 증축할 예정이다. 그런데 상파울루 과룰로스 공항을 포함하여 9개 공항 확장공사는 월드컵 개시 전에 마무리하기 어렵다는 우려가 제기되고 있다. 연방정부는 기존의 관료주의를 벗어던지고 간편 금융지원 시스템을 도입하는 등 노력을 경주하고 있다. 이를 근거로 브라질 민간 항공국 비텐코르치 대표는 2014년 내 공항 확장이 가능하다는 자신감을 보이고 있다. 미주 개발은행(IDB)도 브라질 월드컵을 지원하기 위해 120억 달러 차관을 제공할 예정이다. IDB는 올해부터 4년간 100~120억 달러를 차관형식으로 지원하기로 했다. 브라질 정부는 IDB차관을 월드컵에 대비한 인프라 개선과 빈곤 없는 브라질 프로그램에 사용할 예정이다.

월드컵 개최준비에 브라질 정부의 막대한 예산을 투입해야 하는 부담도 있지만, 투자가 경제 활성화에 미치는 영향도 막대하다. 이따우뱅크 수석 이코노미스트인 이안 골드판은 브라질은 월드컵 개최를 통해 GDP의 1.5%에 달하는 경기 부양효과를 거둘 것이라고 평가했다. 그리고 Ernist & Young Brazil은 2010~2014년 사이 월드컵관련 투자로 인해 632억 헤알의 부가소득이 창출되고 363만 개 일자리가 창출될 것으로 예상하고 있다. 2014년 월드컵 기간 중 외국인의 브라질 관광도 79% 늘어나 관광분야에서만 59억 4,000만 헤알의 수익이 예상된다. 마리오 모이제스 브라질 관광공사 사장은 스페인 EFF통신과의 인터뷰에서 "월드컵이 브라질 관광산업 발전의 새로운 계기가 될 것

이며, 현재 연간 500만 명인 외국인 관광객이 월드컵이 열리는 2014
년에는 800만 명으로 늘어날 것"이라고 말했다. 모이제스 사장은 "월
드컵 개최 12개 도시의 인프라가 개선되고 있다. 월드컵을 계기로 해
변과 태양 카니발, 축구 외에 문화, 요리, 자연, 생태환경 등도 브라질
의 관광자원으로 부상할 것"이라고 강조했다. 브라질은 2014년 월드
컵에 이어 2016년에는 올림픽을 개최함으로써 지속적인 관광객 증가
를 기대하고 있다.

이렇게 브라질의 정치, 경제, 사회를 변화시키고 있는 축구가 브
라질에 도입된 것은 19세기 말로 알려지고 있다. 네덜란드 선원들이
축구를 하기 시작했으며, 주로 동북부의 해안에 보급되기 시작했다.
1894년 상파울루에서 첫 공식경기가 있었고, 1901년에는 상파울루
리그가 시작되었다. 1908년에는 처음으로 상파울루에서 아르헨티나
와의 국가대항전이 개최되었다. 1932년 브라질과 프랑스 그리고 아
르헨티나에서 프로축구리그가 시작되었다. 1930년 탄생한 월드컵 그
리고 유럽과 남미의 프로축구 리그가 전 세계에 '축구 붐'을 일으키는
계기가 되었다.

브라질의 축구리그 시스템은 별도로 진행되는 두 개의 대회로 설명
할 수 있다. 하나는 전국 리그이고, 또 하나는 각주에서 진행되는 주별
리그이다. 전국리그는 브라질 축구협회가 주관하며 매년 4월에 시작
하여 12월쯤 끝난다. 주별 리그는 주별 사정에 따라 좀 차이가 있다.
주별 상위권 팀이 전국리그에 참가하는 주요 주들은 1~2월경 시작해

서 4~5월에 끝난다. 전국리그에 참가하는 팀이 없는 주에서는 4~10월 중에도 주별 리그를 진행하기도 한다. 전국리그는 1부(세리에 A), 2부(세리에 B), 3부(세리에 C)로 나뉘어 있다. 1부와 2부 리그는 각각 20개 팀으로 구성되어 있고, 3부 리그는 64개 팀으로 구성되어 있다. 매년 성적에 따라 1부 리그 최하위 4개 팀이 2부 리그로 강등되고, 2부 리그 최상위 4개 팀은 1부 리그로 승격한다. 2부 리그에서도 성적이 나쁜 하위 팀은 3부 리그로 밀려나는 방식이다. 주별 리그는 각 주별 축구협회가 주관하는 독립적인 대회이다. 전국리그 1부나 2부에 소속된 팀도 주별 리그에 참가하고 있다. 주별 리그도 전국리그와 같이 1부, 2부, 3부로 나뉘며 클럽이 많은 주는 4부 리그까지 있다.

브라질 축구팬들의 열광은 상상 이상이다. 2012년 전국대회 1부 리그에서 우승한 코린치안스팀과 인터내셔널팀 간의 경기를 관전했을 때다. 빠까엥부 경기장에 접근하자 넘쳐나는 인파들에 정신을 못 차릴 지경이었다. 새까맣게 몰려드는 사람들과 계속 몸을 부딪치면서 어렵사리 경기장에 입장할 수 있었다. 당황스러웠던 것은 그렇게 유명한 축구장에 조그만 스코어보드만 있을 뿐 전광판도 없었다. 세계 6위의 경제규모와 광적인 팬들의 열정을 생각하면 정말 투자에 인색한 모습이다. 그러나 응원전의 열기는 상상했던 것보다 더욱 뜨겁다. 경기가 시작도 하기 전 인터내셔널팀의 골대 뒤쪽 편에 있는 스탠드 전체를 뒤덮는 커다란 현수막이 스탠드의 맨 위에서 시작해 펼쳐지며 내려온다.

꼬린찌안스 축구장의 응원 모습

이내 스탠드가 현수막으로 뒤덮였다. 2002년 한·일 월드컵 때 한국과 터키 전 응원 모습이 생각났다. "저건 뭐야?" 옆에 있던 코린치안스팀의 열혈 팬인 중남미 한상 최태훈 회장에게 물었다. "코린치안스 팬클럽 회원들인데 선전을 기대하는 구호를 보여주는 거지." 반대편에 있는 코린치안스팀의 골대 뒤쪽에서는 특이한 복장을 한 수천 명이 모여 이상한 물건을 들고 괴성을 지르고 있다. "저건 또 뭘까?" 최회장에게 다시 물었다. "저 사람들도 코린치안스팬클럽 회원들이야."
"왜 같은 팀을 응원하는 사람들이 흩어져서 다른 방식으로 응원하지?" "모여야 시너지가 나지 않을까?" 계속 의문을 제기했다. "그렇기도 하지만, 각자가 원하는 응원 방식이 다르지. 그리고 팬클럽 별로 응원 외 각각 다른 활동을 하고 있기 때문이야. 대부분의 팀들이 열성팬으로 구성된 여러 개의 팬클럽을 가지고 있지." 최 회장의 설명을 들으니 브라질만의 개성 있는 팬 문화를 이해할 수 있었다. 자기 돈을 쓰면서 삼바카니발에 참가하듯 많은 시간을 투자해서 팬클럽 활동을 준비한다. 경기가 시작되기 전부터 괴성에 가까운 소리가 울려 퍼진다. 경기가 시작되고 약간은 소강상태인가 했다. 그 순간 코린치안스팀이 한 골을 넣었다. 원래 브라질 사람들이 목소리가 크고 말이 많은 특징이 있다. 모든 관중이 한꺼번에 지르는 소리는 거의 야수의 괴성 같은 느낌이었다. 다행히 코린치안스팀에 2대0으로 이기며 기분 좋게 경기가 끝났다. "홈팀이 경기에 지면 열성팬들이 열을 받아서 난동을 부리는 수가 있다. 그래서 축구 경기장을 가지 않는 것이 좋다." 누군가 내가 상파울루에 막 도착했을 때 충고해 준 말이 생각났다. 다행이네. 기분 좋게 이겼으니 조용히들 집으로 가겠지. 썰물처럼 빠지는 인파에 묻혀 집으로 왔다.

브라질 사람들의 축구 사랑은 남녀노소가 없다. 고이아스주를 방문했을 때 산업연맹 회장과 주지사가 주고받은 농담은 축구에 대한 열정을 확실히 보여준다. "우리 주지사님은 젊고 열정적인 분입니다. 우리주의 경제 발전을 위해 열성적으로 일하고 있습니다." 고아이스주 정부 인사가 주지사의 젊은 열정을 강조하였다. "그러나 젊은 주지사도 저만큼 정열이지는 않은 것 같아요. 내가 우리 팀의 축구 시합에 3차례나 초청했는데 한 번도 나타나지 않았거든요. 저의 축구 실력에 밀려 창피를 당할까봐 겁을 내는 것 같아요." 주지사에 이어 인사말을 하게 된 고이아스주 산업연맹 회장이 농담으로 시작했다. 이미 백발이 성성한 산업연맹 회장의 농담에 힘이 배어 있었다. 그 말은 들은 사람들은 단순한 농담으로 생각했다. 그러나 우리의 짐작은 여지없이 빗나갔다. 그날 오후 일정이 끝나고 저녁을 같이 할 때 산업연맹 회장이 잡지를 한 권 들고 왔다. 축구 유니폼을 입고 달리는 자신의 모습과 함께 축구경기에 대한 해설을 싫은 고이아스주 아마추어 축구리그에 대한 기사를 보여주기 위해서다. 산업연맹 회장은 의기양양한 모습으로 말했다. "나는 아직도 에너지가 넘치는 사람입니다." 고이아스주 산업 연맹 회장이 특이한 사람일 수도 있다. 그러나 정열의 나라, 축구의 나라 국민다운 모습이라는 생각이 들었다.

C40행사 차 상파울루시청 사람들을 만나 대화를 나눌 때도 비슷한 경험을 했다. C40은 주요 도시들이 앞장서서 녹색 성장을 이끌기 위해 진행하는 포럼행사이다. 따라서 상파울루시와 서울시의 공동관심사를 찾으면 행사의 성과를 높일 수 있을 것으로 생각에서 사전 모임 형식으로 시 정부를 방문한 것이다. 아니나 다를까 상파울루 시청 관계자는 서울 대공원에서 시험운전 중인 전기버스 등에 대한 관심을 보였다. 서울의 통합교통시스템 등 서울시와 상파울루시 간의 협력 가능 프로젝트들을 발굴해보고 싶다고 강조했다. 시청 사람들과의 관

계를 잘 유지하는 방법이 무얼까 생각하다가 사이또 국장에게 물었다. "브라질 사람들도 정열적이던데, 국장님은 어떤 스포츠를 좋아하세요?" 일본계인 점과 나이 등을 생각할 때 골프나 테니스를 언급할 것으로 생각했다. 그러나 전혀 의외의 대답이 돌아 왔다. "한국도 축구를 좋아하는 나라로 알고 있어요. 상파울루 시청과 같이 할 수 있는 시간이 될 때 축구 경기를 한번 하면 어떨까요? 서로의 우의를 다질 수 있는 좋은 기회가 될 겁니다."라며 축구 시합을 제의했다. 이미 중년을 넘어선 사이또 국장도 고이아스주 산업연맹회장처럼 노익장을 과시하는 축구광인 것 같았다.

우리나라에서는 정치나 종교 이야기를 하다 관점이 다르면 핏대를 세우는 상황으로 가기 쉽다. 그러나 브라질에서는 축구관련 이야기를 할 때 제일 주의해야 한다. 남녀노소 각자가 좋아하는 축구 구단이 있다. 그리고 좋아하는 강도가 지나치게 높기 때문에 언쟁을 하다가 감정싸움으로 흐르는 경우가 많기 때문이다. 물론 응원하는 팀이 같은 경우 쉽게 동질감을 느끼고 우호적으로 대하기도 한다. 그리고 열혈 팬들은 자신이 응원하는 팀을 바꾸지 않는다. 룰라 대통령도 상파울루에서 노조활동을 할 때부터 코린치안스팀의 팬이었으며, 대통령시절에도 마찬가지였다. 그리고 퇴임 후 코린치안스팀의 콜롬비아 원정 경기 때 단장으로 거론된 적이 있다는 언론의 보도도 있었다.

열성팬들의 축구 사랑은 당연히 비즈니스로 연결이 되게 마련이다. 브라질에서 가장 빠른 시간에 브랜드 이미지를 구축하는 것은 1부 리그 프로축구팀의 스폰서가 되는 것이다. 삼성은 코린치안스와 빨메이라스팀을 협찬한 적이 있다. 그리고 LG는 팀의 성적이 절정기였던 시기에 상파울루팀을 협찬하여 브랜드 이미지 구축에 결정적인 도움이 되었다. 당연히 프로 축구팀 중 많은 팬을 확보한 팀이 스폰서 확보에 유리한 위치를 차지하고 있다. 그래서 광고주들은 프로팀들의 팬들의 확보능력에 많은 관심을 가지고 있다. 이런 면에서 18가지 기준을 가지고 평가한 Crowe Horwath RCS 조사를 보자. 2009년 조사에서는 플라밍고가 최대 팬을 확보하였고, 당연히 브랜드가치도 1위를 기록했다. 그러나 한동안 강세를 보이던 플라밍고 축구팀의 위치가 흔들리고 있다. 최근에는 코린치안스팀이 강세를 보이고 있다. 브라질의 축구영웅 호나우두를 투입시켜 관중을 동원하는 데 성공하는 등 다양한 마케팅 전략이 주효하였기 때문이다. 2010년 코린치안스팀의 브랜드 가치는 4,980만 헤알로 최고의 브랜드 가치를 가진 팀으로 선정되었다. 상파울루팀의 브랜드 가치도 상승해서 6억 5980만 헤알로 2위를 차지했다. 그리고 플라밍고팀은 브랜드 가치가 2,530만 헤알로 3위로 밀려났다. 이들 상위 3개 팀은 다른 팀에 비해 16~24세 사이의 젊은 여성 팬을 많이 확보하고 있는 것이 특징이다. 프로팀들은 팀의 성적과 마케팅 노력에 따라 흥망성쇠의 과정을 거치게 된다.

브라질에서는 축구의 인기 때문에 축구 영웅들이 강력한 정치적 영향까지 행사한다. 이미 장관을 역임하고 현재 2014월드컵 명예대사

꼬린찌안스, 플라멩고, 상파울루팀 문양

로 일하고 있는 펠레 외에도 많은 축구스타들이 활발하게 정치에 참여하고 있다. 미국월드컵 영웅 호마리우는 현재 연방하원으로 활동 중이다. 하원의 스포츠관광위원회 소속이며, 2014년 월드컵에도 관여하고 있다. 또한 호마리우는 축구계 비리를 파헤치는 데 기여하여 주목을 받았다. 특히 히카르도 테이세이라 브라질 축구협회 회장을 소환하여 많은 사람들을 놀라게 한 바 있다. 한때는 호마리우가 리오 시장 선거에 출마할 것이라는 소문으로 다시 주목을 받았다. 그의 소속당인 브라질 사회당(PSB)도 호마리우의 출마설에 긍정적인 반응을 보였다. 호마리우가 처음 소문이 나돌 때는 부정적인 반응을 보였다. 에두아르도 빼이스 현시장의 인기도가 높아 시장 출마가 부담스러웠던 것이다. 그러나 러닝메이트로 베베토가 급부상하면서 시장 출마설이 유력해지기도 했다. 1994년 월드컵에서 환상적인 콤비였던 베베토가 나선다면 당선이 가능하다고 주변 사람들이 설득했기 때문이다. 베베토는 현재 리오 데 자네이로 주의원이다. 미국의 할리우드 배우들이 정치 활동에 참여하는 것처럼, 브라질 축구선수들은 항상 막강한 정치적 영향력을 행사하고 있다.

2002년 월드컵 우승의 주역 호나우두가 연방 상원의원에 도전할 것이라는 전망이 나온 지도 오래다. 브라질 노동자당(PTB)에서 상파울루를 지역구로 연방상원의원에 도전하도록 설득하면서 시작된 것이다. 호나우두는 지난 7월 브라질과 루마니아 간의 친선경기를 끝으로 축구계에서 은퇴한 상태다. 호나우두는 18년간 현역선수로 뛰면서 월드컵을 두 차례 우승하고 세 번이나 FIFA 선정 올해의 선수로 뽑혔다. 이런 영향력을 바탕으로 정치계에 입문한 사례들이 너무 많기 때문에 충분히 예상되는 시나리오다. 앞으로 어떤 형태로 구체화될지 알 수 없지만 호나우두도 막강한 영향력을 행사하는 정치인이 될 것으로 예상된다.

브라질 드림을 찾아서

브라질에는
브라질 사람이 없다

"저게 무슨 뜻이죠?" 브라질 정부의 공식 로고에 찍혀 있는 말이 특이해서 물어 보았다. "'브라질은 모두를 위한 나라로(Un Pais de Todos)'라는 뜻이죠. 어느 나라에서 왔든 어떤 인종이든 차별 없이 모두 동등하게 대우하고 권리를 인정한다는 의미입니다." 마리우 변호사가 설명해준다. 브라질 응용 경제연구소에 따르면 브라질 최대 도시인 상파울루는 인구의 45%가 다른 나라 또는 타주에서 이사 온 이민자들이다. 심지어 브라질의 수도인 브라질리아는 75%가 이주민이다.

브라질의 학자들은 브라질은 인종차별이 없는 나라라는 점을 알리기 위해 많은 노력을 기울이고 있다. 인종 차별 제도를 한동안 유지했던 미국과는 다르다는 점을 부각하기 위해서다. 미국에서는 백인과 흑인을 명시적으로 구분했던 제도들이 여기저기서 발견된다. 1967년의 인종 간 결혼을 금지하는 법 등이 대표적인 사례가 될 것이다. 그리고 KKK와 같은 인종 차별적 집단이 오랜 세월을 두고 활동한 사례는 잘 알려져 있다. 심지어 인종 갈등으로 남북전쟁까지 겪은 나라다.

그러나 브라질은 이러한 법적 차별이 없었다. 지금도 인종 차별에 대해서는 매우 엄격한 제제조치를 취하고 있다. '인종 차별업체 15만 불 벌금 부과 결정' 가끔씩 언론을 통해 보도되는 내용이다. 조그만 개인업소들이라도 인종 차별을 하면 가차 없이 처벌을 받게 되는 것이다.

그러나 인종 간 경제력 격차에 의한 차이가 문제점으로 지적되어 왔다. 백인들이 식민지 경영을 통해 부를 독점했었기 때문이다. 그래서 소수 인종 사람들이 일류대학에 입학할 수 있도록 지원하기 위한 제도를 가지고 있다. 브라질에서도 최근에는 소수계 인종의 기업 활동을 지원하고 있다. 이러한 지원 덕분에 브라질 경제가 상승세를 타기 시작한 2006년 이후 흑인 소유 기업이 증가하고 있다. 인구의 10% 수준을 차지하고 있는 흑인이 브라질 전체 기업의 5%를 점하고 있는 것으로 나타났다. 그러나 흑인 소유 기업은 영세기업이 대부분이어서 경제력 격차의 해소에는 큰 도움이 되지 않는다는 주장이 강하다.

인종차별이 없는 브라질이지만, 중앙정부를 비롯하여 주정부의 고급 공무원 그리고 대학교수나 변호사 및 금융기관 고위직 사람들은 대부분 백인들이다. 국영 및 민간기업의 부장급 이상 관리직의 경우에도 마찬가지이다. 그리고 이들 고급 인력들은 영어를 구사하는 등 국제적인 감각을 가지고 있다. 일본계를 중심으로 동양계 사람들이 공공부문이나 변호사, 금융기관과 일할 때 눈에 띈다. 반면 중하위직에 흑인을 중심으로 소수계가 많이 분포되어 있다. 물론 영어는 단 한 마디도 모르는 사람들이다. 인종 간의 교육수준과 경제력 격차가 이러한 형태로 나타나고 있는 것이다.

"마리오, 알았어 오후 3시경 사무실로 갈게." 브라질 유수의 법률회사 마리오 변호사와 미팅 일정이 잡혔다. 복잡한 도로에 밀리다 겨우 시간에 맞추어 마리오가 있는 건물 입구에 도착했지만 건물에 들어갈 수가 없다. 영어 한마디 못하는 안내원들과 씨름을 해야 하기 때문이다. 결국에는 마리오에게 핸드폰으로 전화를 걸어 놓은 후 안내원에게 바꾸어 주게 된다. 마리오와 안내원이 전화 통화를 해야 문을 열어 준다. 브라질에서 활동하다 보면 매번 경험하는 일이다.

브라질 정부의 인구 구성에 대한 공식통계를 보면 유럽계 54%, 혼혈 39%, 흑인 6%, 일본·중국·한국 등 아시아계 1%로 되어 있다. 그러나 통계상의 인종 분류는 한계를 가지고 있다. 정부가 인구조사를 할 때 각 국민이 본인의 인종을 자의적 판단에 따라 결정하여 신고하기 때문이다. 그래서 생물학적 특성이 적절히 반영되었다고 볼 수 없다. 상파울루를 비롯해서 브라질 대도시 지역 사람들을 보면 순수 백인은 별로 눈에 띄지 않는다. 얼굴 생김은 백인 같은데 흑인같이 머리카락이 곱슬곱슬하거나, 입술이 두툼한 경우 등 혼혈의 흔적이 있는 경우가 대부분이기 때문이다.

브라질에서는 다양한 인종들이 어우러져 여러 세대를 거쳐 오면서 순수 혈통의 비율은 급속히 감소했다. 혼혈의 비율이 절대적인 비중을 차지하고 있다. 어쩌면 인종을 애써 구분하려는 시도가 의미 없는 노력인지 모른다. 혼혈에서 발생하는 극단적인 이야기들도 많이 있다. 2007년 발생한 쌍둥이 형제의 다른 인종분류에 대한 사례를 보자. 브라질도 소수계에 대한 우대정책이 있어 흑인들에게는 대학의 문이 더욱 넓다. 두 쌍둥이의 성적은 거의 비슷하고 공부를 매우 잘하는 아이들은 아니었다. 두 명이 모두 명문대학에 동시 지망을 했다. 그런데 한명은 흑인으로 분류되어 명문대 특별 입학이 허용되고 다른 형제는 백인으로 분류되어 성적 미달로 탈락했다. 형제 간이지만 유전 잠재인자 때문에 다른 인종의 아이를 출산하는 경우에 해당하는 사례이다.

내가 브라질에 처음 갔을 때 포어 강사였던 아나(Ana)의 말이 브라질의 특징을 잘 보여 준다고 생각한다. 아나는 영국에서 석사과정까지 마친 유학파다. 영국에 장기 유학을 하려면 집이 부자가 아닐까 하는 생각에서 물었다. "영국 유학비가 비쌌을 텐데. 부모들이 학비를 모두 부담했어요?" 너무나 의외의 대답이 돌아 왔다. "아니오. 학비를 내지 않았기 때문에 돈이 별로 들지 않았어요." "어떻게 학비를 면제받았죠?" 이해가 되지 않아서 물었다. "영국은 EU 국가 학생들에게 학비를 받지 않아요." "당신은 브라질 사람이잖아요?" "브라질과 스페인 이중국적인데, 스페인 여권으로 영국 가서 공부했어요." 대부분의 유럽국가들과 브라질은 복수 국적을 허용하다 보니 여권 2개는 보통이었다.

아나와의 대화 중 인종에 대한 이야기도 나왔다. 아나도 사실은 백인의 모습이 강했지만 머리카락이 약간 곱슬곱슬하며 짙은 갈색이었다. 순수 백인이 아니라는 생각이 들었지만 본인은 항상 백인으로 생각하고 말을 했다. "브라질 사람들은 좀 특이한 데가 있어요." 하고 아나가 말했다. 브라질의 문화와 인종에 대한 이야기를 하던 중에 나온 말이다. "브라질 사람들이 티는 내지 않지만 인종에 대한 콤플렉스를 가지고 있다고 생각해요. 그래서 대부분의 사람들은 자기가 백인 또는 혼혈이라고 설명해요."라고 말했다. 아나는 실례를 들어서 설명했다. 친구의 파티에 초대 받아 갔을 때의 이야기다. 출신 지역 등 개인적인 이야기들을 하다가 자신을 모레노(Moreno, 혼혈)라고 소개했다는 것이다. "검은색의 곱슬곱슬한 머리카락과 검은 피부 그리고 두툼한 입술 완벽한 흑인인데…. 왜 자신을 혼혈이라고 소개할까? 그러면 브라질에 흑인은 한 명도 없겠네?" 물론 속내는 그렇게 느꼈지만 그러냐며 웃어 넘겼단다. 사정이 이렇다 보니 백인의 이미지를 조금만 가지고 있으면, 자신은 백인이라고 주장하는 것이다.

포르투갈이 1500년 브라질을 발견하였지만 경제적 이득이 없어 한동안 방치된 상태였다. 금맥이나 돈 될 만한 것이 있는지 기초적인 탐험을 하였지만 찾지 못하였기 때문이다. 그러나 옷감 등을 염색하는 데 사용되는 브라질 나무가 유럽으로 수출되기 시작하면서 포르투갈 왕실은 식민지 경영을 시작했다. 그 후 살바도르를 중심으로 하는 동북부 지역에서 설탕생산이 시작되면서 브라질은 번성하기 시작한다. 포르투갈 사람들이 처음에는 현지에 있는 인디언들을 설탕 생산에 투입했다. 그러나 현지 원주민들은 도망을 가거나 극렬히 저항하고, 일찍 사망하여 성공적이지 못했다.

원주민들은 힘든 노동을 이기지 못하고 사망인구가 늘어나면서 노동력이 절대적으로 부족하게 되었다. 따라서 고된 노동을 이겨낼 수 있는 대량의 인력 공급을 위해 노예무역을 통해 흑인들을 데려오기 시작했다. 포르투갈과 스페인을 중심으로 16세기부터 아프리카 노예를 아메리카 신대륙에 공급하는 노예무역이 증가하기 시작한 것이다. 17세기 후반부터는 영국령 자메이카가 브라질을 능가하는 사탕수수 재배지로 부상하였다. 당연히 사탕수수 재배를 위해 노예무역이 중미로 집중되기 시작했다. 이후 영국은 북미의 남부지역에서 담배와 쌀 그리고 목화 생산을 늘리기 시작했다. 그리고 남쪽지역 농장에서 일할 노동력 확보를 위해 역시 노예를 수입하기 시작하였다. 이렇게 시작된 미국의 흑인노예 숫자가 독립할 당시에는 50만에 이르렀다.

브라질을 중심으로 미주대륙에 수입된 흑인 노예무역은 약 300년 동안 진행되었다. 그러나 1838년에는 영국이 서인도 제도의 노예제도를 폐지하였고, 프랑스도 1848년 노예제도를 폐지하면서 노예무역이 중단되었다. 미주 지역으로 수입된 노예에 대한 통계는 없다. 그러나 약 1,500만의 노예가 수입된 것으로 추정하고 있다. 이 중 브라질과 자마이카 등 카리브연안의 설탕 재배지로의 노예 수입이 가장 많았다. 미국으로 수입된 노예는 브라질의 절반 수준 이하로 추정된다. 노예무역의 역사를 알면 브라질에 흑인 문화의 뿌리가 깊이 박혀 있는 이유를 알 수 있다.

"브라질은 3개 권역으로 구분해서 이해를 해야 되요. 마나우스를 가보세요. 아메리카 인디언의 문화가 많이 남아 있지요. 그리고 동북부의 살바도르를 가보아야 합니다. 브라질로 이식된 흑인 문화를 이해할 수 있을 겁니다. 마지막으로 상파울루 남쪽에 있는 3개 주를 가보세요. 아직도 독일계를 중심으로 하는 백인문화가 뚜렷하게 남아 있습니다. 모든 것이 뒤섞여 발전하는 브라질이지만 음식이나 의복 등 여러 가지 면에서 지역별 특색이 강하게 남아 있는 지역들이 있거든요." 상파울루 잡지사 기자가 전해주는 브라질의 문화적 특색이다.

유럽과 아프리카 대륙에 가까운 브라질 동북부는 사탕수수 재배를 기반으로 성장하였다. 그리고 이러한 농업과 광산업에 소요되는 막대한 인력을 충당하기 위해 아프리카 흑인들을 동원했다. 이렇게 수입된 흑인들은 남쪽으로 이동하기 시작했다. 남쪽에 있는 미나스제라이스주에서 금광이 발견되면서 광산업이 발전했고, 북부 사탕수수밭의 흑인들을 광산에 투입했기 때문이다. 지금도 동북부 해안지역에서는 흑인들이 인구의 절대 다수를 차지하는 이유이다.

사탕수수 농업 때문에 흑인이 유입된 것에 비해, 백인들은 커피산업 때문에 유입되었다. 상파울루를 중심으로 커피산업이 성장하기 시작한 1800년대 중반부터 본격적으로 백인 인구가 브라질에 유입되기 시작한 것이다. 커피 재배를 위해서는 대량의 노동력이 필요하였다. 그러나 영국, 프랑스에 이어 브라질도 1850년에 노예무역 금지 제도를 시행하였기 때문에 흑인 노예를 더 이상 수입할 수 없었다. 커피농장에 동원할 흑인 노예를 구할 수 없게 된 것이다. 자연스레 유럽의 빈민층 사람들을 받아들이기 시작했다. 이들이 커피 농장의 주요 노동력을 제공하였다. 이때 이태리와 스페인계 사람들이 대량 유입된 것이다.

노동력 조달을 위해 유럽의 여러 나라에서 이민자를 받아들이다 보니 백인들의 분포도 지역에 따라 다양한 특징이 있다. "가끔씩 이태리 정통 스파게티가 먹고 싶으면 바히가로 가 보세요. 이태리계 사람들 밀집지역이라서 좋은 음식점들이 많이 있어요." 현지직원인 찌아고가 들려준 이야기다. 상파울루에는 이태리계가 가장 많은지 물었다. "이태리계도 많고 스페인계도 만만치 않아요." 하고 대답한다. "브라질은 포르투갈 식민지였는데, 포르투갈 사람들은 어디서 살지?" 하고 다시 물었다. "리오가 수도였기 때문에 식민지 통치를 담당했던 포르투갈계 사람들이 많이 남아있어요. 브라질의 남부 3개 주에는 대체로 이민을 늦게 들어온 사람들이에요. 독일계를 중심으로 이태리, 러시아 등 유럽계 사람들이 많지요. 남부 3개 주에는 대도시는 모르지만,

시골 지역으로 가면 흑인들이 아직 별로 없어요." 찌아고는 자신의 부모들은 이태리계라면서 지역별 인구 분포를 자세히 설명해 주었다.

이러한 이민 역사 때문에 브라질에는 흑인과 백인이 주로 유입되었다. 이후 제 2차 세계대전을 전후하여 중동·아시아계가 많이 유입되었다. 레바논과 시리아 등 중동계의 인구도 3,000만에 달하는 것으로 추정된다. "우리 부친이 브라질로 이민 올 때 이름이 죠지가 되어버렸어요. 세관원이 아랍어를 포어로 적절히 표기하기 여의치 않으니까 자기 마음대로 여권에 '죠지'라고 썼기 때문이죠." 죠지 미구엘 브라질 상공부 장관을 만났을 때 자신은 중동계라는 말과 함께 전해준 이야기다. 상파울루에는 중동계 식당이 흔하게 늘려 있다. 그리고 중동계 병원 등 독자적인 생활권이 조성되어 있는 수준이다. 중동계 사람들도 일본계와 같이 대기업의 사장을 비롯하여 공무원 등 중요 분야에 널리 포진하고 있다. 아시아에서는 일본계가 독보적으로 중요한 위치를 차지하고 있다.

"관장님, 오늘 상파울루 산업연맹에서 중요한 행사가 있는데 가 보아야겠어요." "무슨 행사지?" "브라질 국방부 장관이 3군 참모총장 등 고위직들과 참석하는 행사인데 향후 국방물자 조달 정책을 설명한다고 합니다." 우리나라 방산물자 수출에 대한 아이디어를 찾는 데 도움이 될 것 같았다. '그러면 일단 마르셀라와 노르베르또가 참석하고 나도 아침에 잠시 들러보아야겠다.' 상파울루 산업연맹에 국방 장관이 육·해·공군 참모총장과 함께 나타났다. 참석한 사람들과 인사를 나누기 시작한다. "저기 저 사람은 누구지?" "동양계 같은데…." 공군 참모총장이 동양계 같아서 마르셀라에게 물었다. "사이또라는 일본계 2세인데 공군 참모총장이에요." 일본계 사람들의 파워는 대단하다. 정부의 고위 요직을 비롯해 금융계에 많은 사람들이 진출해 있다. 일본계의 1차 이민이 1908년이었으니 100년이 넘는 이민 역사이다. 그리고 일본계의 인구가 1,000만에 달하는 것으로 추정하고 있다. 미쯔비시 등 일본 종합상사들도 제 2차 세계대전 이전부터 브라질 농업분야에 투자를 시작하였다.

"리베르 다찌를 가 보았어요?" 상파울루에 처음 왔을 때 현지 사람들을 만나면 자주 묻는 질문이다. 리베르 다찌가 일본계 브라질 사람들이 활동하는 중심지이기 때문이다. 인근에 한국계 브라질 사람들이 활동하는 아클리마써웅 등이 있어 동양 사람들을 만나면 그렇게 묻는 것이 자연스럽게 들리기도 한다. 나도 한국에서 손님들이 오면 리베르 다찌(Liberdade)를 자주 데리고 간다. 일본계 중심 상가라서 우리에게 필요한 물건들도 다양하고 가격이 싼 장점이 있기 때문이다. 리베르 다찌에서 파는 물건을 보면서 일본계의 힘을 느낀다. 일본계 농장에서 재배하고, 일본계 공장에서 가공하며, 일본계 유통망을 통해 판매하는 튼튼한 가치사슬을 볼 수 있기 때문이다.

같은 동양 출신이지만 일본계에 비해 한국계의 파워는 아직 성장 단계에 있다. "2012년에는 한국 사람들이 브라질로 이민온 지 50주년이 되는 해인데 대사관이나 한인회 등에서 행사를 개최하지 않나요?"

"일본은 이민 100주년 행사를 1년에 걸쳐 했어요. 마지막 행사로 황태자 방문이 있었지요." "일본과는 이민 역사나 인구 면에서 차이가 있지만, 한국도 국력을 보여줄 수 있는 기회인데…." 지한파 브라질의 잡지사 기자가 전해준 이야기다. 삼성, LG와 현대 등 한국계 기업의 진출이 늘어나면서 현지 사람들도 자연스레 한국에 관심을 보여주는 것이다.

한국의 브라질 이민 역사도 50년을 넘어서서 성년의 단계에 접어들었다. 1차 브라질 이민은 107명이 배를 타고 1962년 11월 한국을 출발하여 1963년 2월 상파울루 남쪽의 산토스(Santos)항에 도착한 것이다. 지금 브라질 내 한국 교민은 약 5만으로 추정된다. 대부분이 상파울루에 살고 있다. 리오, 꾸리찌바 그리고 뽀르또 알레그리 등 다른 도시에도 흩어져 있지만 극히 소수의 인구이다. 상파울루의 봉혜찌로(Bom Retiro)라는 지역에는 의류 도매업을 하는 한인 상가가 밀집해 있으며, 식당과 식료품 판매점이 밀집되어 있다.

이와 같이 브라질은 인종 구성이 복잡하고 문화가 다르다 보니 끼리끼리 문화가 매우 발달해 있다. 따라서 지역, 도시 별 인종 구성을 이해하는 것이 브라질을 이해하는 데 중요한 요소이다. 실질적으로 브라질은 혈연과 학연 등을 기반으로 하는 동류 그룹을 중심으로 사회가 작동하고 있다. "브라질에서는 오랜 기간 동안 상파울루 법대를 나와야 정치권에서 행세를 했었죠. 법대를 다닐 때 친구들 간에 각서도 유행했다는 말이 있어요. 네가 대통령이 되면 나는 법무장관 등."

상파울루대에 응시를 했다가 떨어졌다는 노르베르또가 들려주는 이야기다. "그러니까, 브라질에서는 여러 가지 이해관계가 맞는 사람끼리 밀어 주고 서로 도와주기 때문에 뚜루마(Turma, 친구들)가 중요하다는 거야. 막강한 정치력이나 경제력을 가진 사람들이 타협해서 대형 국책사업의 방향도 정해지게 되어 있어. 고속철 사업도 마찬가지야. 아무리 대통령이 의지를 가지고 있어도 오데브레시 같은 5대 메이저 건설사가 움직이지 않는데 잘 될까?" 우리나라 기업들이 브라질 고속철 수주 전에 뛰어 들고 1차 입찰이 진행될 때 들려준 브라질 변호사의 설명이다.

대형 정부 프로젝트에 대한 기업의 영향력은 수시로 느낄 수 있다. "어서 오세요, 잠시 후 우리 회사 분야별 담당 변호사들을 소개하겠습니다." 브라질에서 가장 큰 법률회사 중 하나인 또찌니의 한국계 변호사가 우리를 반갑게 맞아 주었다. 월드컵, 올림픽 등 대형 행사가 진행되면서 많은 프로젝트들이 쏟아진다. 그래서 한국계 기업들의 참여 방안을 같이 의논해 보자며 마련된 자리이다. 먼저 또찌니의 변호사가 2014년 브라질 월드컵이 12개 도시에서 분산 개최되며, 이에 따른 경기장 건축뿐만 아니라 교통, 통신 등 많은 프로젝트들이 있다고 설명을 했다. "이미 벌써 2011년입니다. 2014년 월드컵 행사를 생각하면 프로젝트 입찰 일정이 너무 늦지 않나요?" 프로젝트들에 대한 일정이 너무 촉박해서 물었다. "브라질에는 이런 농담이 있어요. 모든 입찰을 마지막 순간까지 미루어야 하는 3가지 이유가 있다고 합니

다. 먼저 수의 계약을 위해서, 일정이 급하면 공개 입찰할 시간이 없어
지니까. 두 번째는 가격을 더 받기 위해서, 일정이 급하면 야간작업도
해야 되고 당연히 가격이 올라가니까. 셋째로는 까다로운 준공검사를
단순화하기 위해서. 완공되면 바로 사용해야 하니 까다롭게 굴 수 없
지요." 하고 농담을 하면서 인프라 담당 변호사가 웃었다. 물론 농담
으로 한 말이지만, 상당히 뼈가 있는 농담으로 생각된다. 어차피 소수
의 힘 있는 기업들이 담합해서 프로젝트를 진행하는 현상을 꼬집는
코멘트다.

우리나라 기업들이 어떻게 하면 브라질의 대형 프로젝트에 참여할
수 있을까를 고민하면서 여러 기업들을 방문했다. 법률회사, KPMG
등 컨설팅 회사들과 함께 프로젝트별 예상 낙찰 기업을 찾는 노력도
기울였다. 이런 과정을 거치다 보니 주요 프로젝트별로 예상되는 주
계약자를 찾는 것은 생각보다 어렵지 않았다. 문제는 이들 예상 주계
약자들과 얽혀있는 하청과 재하청 기업들을 찾는 것이다. 대부분이
특수 관계에 있는 기업들이고, 영향력 있는 에이전트 등을 매개로 하
여 이루어진다. 오데브레쉬 같은 큰 기업들을 직접 찾아가서 물어 보
기도 했다. "이따케라 경기장을 건설하게 될 것이라고 들었어요. 토목
건축분야는 어느 나라 기업이든 많은 협력업체들과 같이 일을 하는
것으로 알고 있어요. 축구장 건설에 참여하는 관계사들을 좀 알려 주
실 수 있어요?" 애써 점잖게 물어 보았지만, 답변은 간단명료하다. "이
미 많은 외국 기업과 협력하고 있는 중이죠. 우리와 협력에 관심이 있

214

는 한국기업이 있다면 저희들에게 협력 제안서를 내 보라고 하세요.”

프로젝트를 수주한 대기업이 하청기업에 일감을 분배하는 과정도 역시 특수관계에 의존한다는 사실에서 더 이상 할 말이 막힌다.

결국 막연하게 원칙론적인 이야기로 미팅시간을 마감하게 된다. 기회는 분명 있는데 접근 통로가 보이지 않는다. 한 걸음씩 다가가기 위해서는 역량 있는 에이전트가 필요한 것이 현실이다.

프로젝트를 발주하는 공공기관의 사정은 어떨까 하는 기대감을 가지고 산토스시를 찾았다. 상파울루에서 남쪽으로 1시간 정도 거리에 위치한 브라질의 최대 항구도시다. 산토스항도 브라질 경제가 발전하면서 늘어나는 물동량을 도저히 감당할 수 없기 때문에 항만 현대화를 위한 많은 대형 프로젝트들을 가지고 있었다. 먼저 시청을 방문해서 신항만 개발관련 프로젝트를 같이 살펴 볼 기회가 있었다. “산토스항 현대화를 위해 교통, 통신과 물류 분야의 많은 프로젝트가 있어요. 한국기업들에게는 분명 브라질에 진출할 좋은 기회라고 생각돼요.” 시청에서는 열심히 프로젝트에 대해 설명했다. 아무래도 통신분야 등에 기회가 있을 것으로 생각되었다. 그래서 많은 시간을 할애하여 통신 현대화 관련 프로젝트에 대해서도 정보를 교환했다.

산토스시는 우리나라 부산의 신항 개발경험 전수 등에 대해서도 많은 관심을 보였다. 산토스 시청과 여러 가지 면에서 긍정적인 아이디어 교환이 가능했다. 그러나 미팅이 끝날 무렵 향후 계획이 보이지 않았다. “어휴 브라질 사람들, 항상 말만 저렇게 좋다고 하는데 액션이 없으니." 혼자서 이것저것 생각하다가 질문을 던졌다. "당신들이 발표하는 슬라이드 배경에 프랑스와 일본국기가 그려져 있네요? 무엇 때문에 국기가 바탕화면으로 들어 있지요?" "이번 프로젝트를 구체화하기 위해 마스터 플랜을 만들었는데, 필요한 자금을 프랑스와 일본이 지원했기 때문이에요." "그러면 프로젝트 계약에도 영향을 미치지 않을까요?" "꼭 그런 것은 아니에요. 우리는 프로젝트 개발 부서예요. 입찰을 진행하고 업체를 선정하는 부서가 따로 있기 때문에 자세한 내용은 알지 못해요." 얼버무리는 대답이 석연치가 않다.

결국 브라질 시장 진출은 내부에 우리와 이해관계를 같이 하는 사람들이 그룹을 형성하면서 천천히 이루어져야 한다는 점만 확인하였다. 공동의 이해관계를 중심으로 뚜루마를 형성하면서 움직이는 곳이 브라질이다. 브라질의 문화와 생활양식에 익숙해져야 하는데, 멀기만 한 브라질을 자주 드나들기도 쉽지 않다. 어쩌면 거리를 극복하기 위한 전략이 필요하지 않을까?

그러나 우리 기업들도 브라질에 발판을 구축하고 있어 앞으로는 더욱 빠른 속도의 진입이 가능할 것이다. 이미 LG는 가전과 통신기기 분야에서 브라질의 국민 브랜드로 자리 잡았다. 삼성도 세계 최고의 브랜드 파워를 자랑하며 브라질 내 최고 매출을 올리고 있다. 브라질 내 한국기업의 입지는 일본언론이 시샘하는 수준이다. "한국기업 정말 대단해요. 브라질 시장을 석권하고 있는 것 같습니다." 무역관을 찾은 일본 잡지사 기자의 호들갑이다. "무슨 말씀을 하세요? 일본계

기업들은 진출 역사가 100년을 넘고 금융, 식품가공 그리고 자원개발 분야에서는 가장 막강한 위치를 차지하고 있으면서." 정말 막강한 일본 기업의 실상을 알고 있기에 잡지사 기자에게 엄살 피우지 말라면서 한마디 했다. 어쨌든 분명한 것은 한국의 대기업들이 진출해서 중소기업들의 진입로를 닦아놓은 셈이다. 브라질에 진출하는 우리기업들의 확산을 기대해 본다.

브라질에는 사람들만 외부에서 유입된 것이 아니다. 기업들도 마찬가지다. 전자, 통신, 자동차 등 주요 산업분야를 중심으로 보면 브라질에 브라질 토착 기업은 거의 없다. 통신 분야는 텔리포니카 등 유럽계 자본이 지배하고 있다. 가전과 통신 단말기 부분은 한국기업이, 자동차는 폭스바겐과 피아트 등 유럽기업이 선두이고, GM과 포드가 뒤를 쫓고 있다. 우리나라의 현대자동차도 2010년 이후 약진을 하고 있지만 아직 시장 점유율이 5% 수준으로 선두 그룹과는 큰 격차가 있다. 유통분야를 보아도 유럽계 까루프와 미국의 월마트가 주도하고 있으며, 뻥자수까르(Pao de Acucar)라는 토착 브랜드가 있지만, 유럽계 자본이 지배하는 회사이다. 브라질 토착기업이 힘을 쓰는 분야는 페트로 브라스를 중심으로 하는 에너지 분야와 오데브레쉬 등 건설부문 등에 한정되어 있다.

이렇게 외국계 기업이 승승장구 하는 것은 브라질이 철저한 '속지주의' 국가이기 때문이다. 브라질 소재 기업들에 대해서는 자국기업으로 대우한다. 자동차 산업에서는 BIG4인 피아트, 폭스바겐, GM,

포드가 안주인 역할을 하고 있다. 2011년 이후 우리나라와 중국산 자동차 수입이 증가하면서 브라질 정부에 대한 로비를 통해 수입규제조치를 도입하는 사례만 보아도 잘 알 수 있다. 브라질 BIG4의 요구에 따라 브라질 정부가 수입규제 조치를 도입한 것이다. 속인주의적 성향의 아시아 국가에서는 투자 진출한 외국기업을 국내기업과 동일하게 대우하지 않는 경우가 많이 있다. 분명히 브라질과는 대조적인 모습이다.

룰라 경제학의
허와 실

"룰라 대통령이 브라질을 위해서 정말 큰 일을 했어요." 룰라 대통령 시절 중앙은행 총재를 했던 메이렐레스가 강조하였다. "나도 월드컵 유치를 위해 룰라 대통령이 FIFA의 핵심 인물들을 만나러 다닐 때 배석을 했었죠. FIFA의 주요 인사들이 나에게도 여러 가지 질문을 하더군요." '브라질이 월드컵 행사를 유치하면 교통, 통신 등 많은 분야에 대규모 투자를 해야 한다. 통화정책 책임자로서 대규모 투자에 동의하고 적극 지원할 것이냐?'는 질문이 있었다고 전했다. 메이렐레스 전 중앙은행 총재를 만난 것은 무역관과 항상 가깝게 일하던 D법률회사의 마리오 변호사 덕분이다. 메이렐레스가 호스트하는 조찬 세미나에 우리를 초청해 주었다. 덕분에 메이렐레스 전 중앙은행 총재를 만나 브라질 정부의 여러 가지 정책을 접할 수 있었다.

룰라 대통령 시절 브라질이 황금기를 누린 것은 사실이다. 룰라 대통령은 2002년 10월 선거에서 당선되었는데, 당선 직후에는 국제 금융시장을 뒤흔들기도 했다. 급진 좌파적 경제정책을 우려하여 브라질 화폐인 헤알화를 투매하여 가치가 급락했기 때문이다. 그러나 룰라 대통령이 2003년 초에 취임한 이후 실용주의적 정책을 취하면서 브라질시장이 안정을 되찾고 성장세를 기록하기 시작했다. 그 후 룰라 대통령이 브라질을 이끄는 8년 동안 브라질은 지속적인 경제성장을 기록하였다. 덕분에 룰라 대통령이 퇴임하는 2010년 말에도 대통령에 대한 지지도가 87%라는 경이적인 수치를 기록했다.

룰라 대통령이 집권하는 동안 세계의 이목이 브라질을 비롯한 신흥국에 집중된 것도 사실이다. 세계적인 투자은행인 골드만 삭스의 짐 오닐이 브릭스(BRICs)라는 용어를 2003년부터 사용했기 때문이다. 브릭스라는 용어는 2003년 10월 발간한 세계경제전망 보고서에 처음으로 등장한다. 2050년에는 현재의 G7 국가 중 독일, 프랑스, 이탈리아와 캐나다가 탈락하고 브라질, 러시아, 인도와 중국이 진입할 것으로 전망하는 등 브릭스 국가의 고도성장을 예견한 것이다.

그리고 지난 10년 동안 중국을 필두로 브라질과 인도 등 브릭스 국가들이 매우 높은 경제 성장세를 기록하였다. 브릭스 국가들은 2008년 미국의 서브프라임으로 촉발된 경제위기 이후에는 세계 경제성장을 주도했다. '다국적 기업들의 2011, 2012년 영업 전략을 조사한 결과 가장 중요한 투자진출 대상 시장은 중국, 인도, 브라질'이라는 UNCTAD의 조사 결과는 결코 우연이 아니다. 미국, 러시아, 멕시코, 영국, 베트남과 인도네시아가 뒤를 이었다. '2032년이면 브릭스의 경제규모가 G7과 대등해질 것'이라는 브라질 언론의 예측이 경제성장에 대한 자신감을 잘 나타내고 있다.

브릭스 국가들의 힘이 강해지면서 국제 질서에 영향을 미치기 위한 행보를 시작했다. 중국은 미국을 중심으로 G7 국가들이 만들어 놓은 국제 질서에 맞서기 위해 다른 브릭스 국가와 협력을 강화하고 있다. 브릭스 국가들은 러시아에서 1차 브릭스 정상회담을 개최하였고, 2010년 브라질리아에서 2차 정상회담을 개최했다. '달러화 대체를 위한 자국 통화결재 확대 방안 협의' '브릭스 국가들의 IMF지분 확대 요구' 등이 브릭스 정상회담의 주요 의제들이다.

이미 브라질과 인도 등은 G7이 만들어놓은 국제 질서에 도전장을 내고 있다. 공중보건을 이유로 복제의약품 생산을 허용한 조치 등은 좋은 사례다. G7 국가들이 결사반대하고 있는 특허에 대한 강제 실시권을 발동한 것이다. 브릭스 국가들은 G7과의 협상력을 높이기 위해 브릭스 정상회담을 시작하였다. 브릭스 국가 간의 이해관계를 사전에 조율하고 통일된 목소리를 내기 위해서이다. 중국은 경제적 이익을 추구하는 한편, 인도와 브라질은 유엔 상임이사국 지위를 노리고 있다.

그러나 룰라가 이룬 경제적 성과와 관련해서는 여러 가지 측면에서 볼 필요가 있다. 먼저 룰라 대통령 이전에 브라질 경제의 안정화 기반을 다진 엔리끼 까르도주(Fernando Henrique Cardoso 1931~) 대통령을 주목해야 할 것이다. 까르도주(Cardoso)는 재무장관을 지내다가 대통령에 당선되어 1995년부터 2002년까지 8년간 브라질을 이끌었다.

까르도주 대통령의 업적으로는 경제 안정화, 재정적자 해소 그리고 국영 기업들의 민영화를 통한 경쟁력 제고를 들 수 있다. 무엇보다 1994년 시작된 헤알 플랜(Real Plan)을 통해 인플레이션을 잡았다는 점이 가장 중요하다. 브라질은 1970년대 이후 인플레이션 홍역을 겪기 시작하였으며 그동안 1,000퍼센트에 달하는 극심한 인플레이션을 겪은 나라다. 극심한 인플레이션에 시달리다 보니 소비까지 극도로 왜곡된 형태를 보였다. 주급을 받는 즉시 소비해야 하기 때문에 저축이 필요한 내구성 소비재는 구매하지 않는다. 자연스레 가격이 싼 의류를 비롯하여 먹고 마시는 일로 탕진하게 된다. "그동안 우리 교민들은 의류관련 비즈니스를 해서 돈을 많이 벌었지. 극심한 인플레 때문이야. 그런데 요즘은 물가가 안정되고 은행이 돈을 빌려주기 시작하니 내구성 소비재로 수요가 몰리네. 자동차를 비롯해서 TV나 휴대폰 등 내구성 소비재의 소비가 늘어나는 이유지. 상대적으로 우리 교민들의 의류판매업은 지지부진이야." 최태훈 중남미 한상회장이 브라질의 소비시장 동향이 바뀌고 있다고 힘주어 강조한다.

이러한 시장의 변화는 까르도주 대통령이 이룩한 물가 안정의 결과라고 보아야 한다. 까르도주 대통령은 또한 세금체계 개편과 지자체들의 예산구조 개혁을 통해 재정적자를 감축하였다. 또한 국영기업의 민영화를 통해 경쟁력을 획기적으로 향상시켰다. 만성적인 적자에 허덕이며 세금을 축내던 브라질의 국영기업들이 많은 이익을 남기는 기업으로 다시 태어나도록 유도했다. 세계 철광석 업계를 주무르는 발리사가 대표적인 사례이다. 발리사는 160억 달러(2009년) 규모의 매출을 자랑하는 세계 최대 철광석 생산회사로 세계 철광석 가격을 주무르는 위치를 점하고 있다.

만성적자에 허덕이던 중형항공기 제조사인 엠브라에로(Embrer)도 빼 놓을 수 없는 사례이다. 브라질은 항공산업 육성을 위해 항공기를 제조하는 국영기업을 설립하였다. 그러나 엠브라에로는 낮은 생산성으로 만성적자에 허덕이는 기업이었다. 적자기업 엠브라에로가 민영화를 통해 매출액 55억 달러(2009년), 해외자산 비중 40%의 건실한 기업으로 다시 태어났다. 엠브라에로는 어엿한 브라질 7대 기업이 되었다. 엠브라에로사는 주식을 뉴욕주식시장에 상장하여 외국 자본을 유치하였다. 국제 자본 조달을 위해서는 경영합리화를 통한 이익창출이 선결 조건이었다. 그 결과 지금은 세계 2위의 중형기 생산기업의 위치를 당당히 지키고 있다.

그리고 까르도주 대통령은 아르헨티나, 우루과이 및 파라과이와 메르코수르(Mercosur) 협정을 체결하여 수출을 확대할 수 있는 기반도 구축하였다. 메르코수르 협정은 역내국 간의 관세를 철폐하고 대외적으로 공동관세를 적용하는 관세동맹이다. 그리고 미국 발 경제위기 등에 대처하기 위해 공동 기금을 논의하는 등 역할을 확대하고 있다. 까르도주 대통령의 안정화 기반이 없었다면 브라질 경제의 도약이 불가능했을지 모른다.

이러한 까르도주 대통령의 노력에도 불구하고 룰라 대통령의 통 큰 통합의 정치를 결코 과소평가 할 수 없다. 까르도주 대통령의 안정화 조치가 정착하고, 경제가 성장세에 진입할 수 있도록 기존의 경제정책을 계속 유지한 것이 정말 중요한 결정이었다. 정치적 성향이 전혀 다른 까르도주 대통령으로부터 정권을 넘겨받았지만 팔로찌, 만테가 등 재무부 장관들과 메이렐레스 중앙은행 총재 등 경제정책의 핵심 브레인을 유임시키면서 경제정책의 일관성을 유지하였다. 까르도주 대통령이 닦아 놓은 경제안정의 기반이 흔들리지 않도록 한 것이다.

물론 이러한 브라질의 경제정책이 중요한 변수지만, 사실은 글로벌 경제환경이 브라질 경제의 극적 성장에 결정적으로 기여했다고 봐야 한다. 중국이 지속적으로 고도 성장세를 기록하면서 세계적으로 원자재 가격이 급상승했기 때문이다. 브라질의 주요 수출품 중 하나인 철광석의 가격을 보면 2005년 대비 2008년에는 2배 그리고 2010년에는 4배까지 상승하였다. 세계 최고의 자원 보유국인 브라질 입장에서는 수출증가와 무역수지 개선에 결정적인 계기가 되었다. 원자재 가격이 급등하면서 브라질은 2005년부터 3년간은 400억 달러 수준의 무역수지 흑자를 기록했다. 헤알이 초강세를 보이면서 수입이 급등하기 시작한 2008년에서 2011년 사이에도 250억 달러 수준의 무역수지 흑자를 유지할 수 있었다.

또한 브라질의 자원을 개발하기 위해 구미 선진국들과 중국의 투자가 증가하기 시작하였다. 이러한 원자재가격 상승에 따른 무역수지 개선과 투자 유입 덕분에 브라질은 만성적인 채무국에서 채권국으로 전환되었다. 어떻게 보면 장기적으로 성장할 수 있는 중요한 기반이 구축된 셈이다. 2007년은 브라질의 대외채권이 채무를 초과하는 순 채권국으로 전환된 역사적인 시점이다. 룰라정부가 취임하던 2003년 외채가 1,652억 달러였는데, 2007년 외환 보유액이 1,803억 달러를 기록한 것이다. 1983년과 1987년 모라토리엄(Moratorium)을 선언하는 등 과다한 외채로 인해 심각한 고통을 받아온 브라질이 외채의 속박을 벗어난 것이다. 브라질의 외환보유고가 2010년에는 300억 달러를 돌파하여 세계 6위를 기록하였다.

룰라 대통령의 개인적인 역량이 발휘된 업적으로는 월드컵, 올림픽 등 메가 이벤트 유치라고 볼 수 있다. 이미 룰라는 세계적인 스타 정치인 대열에 올라 있다. 페루와 남미국가 선거에서 모든 후보들은 자신이 룰라의 모델을 가장 잘 실천할 수 있는 후보라고 강조할 정도다. 심지어 중남미에서뿐만 아니라 아프리카 등 제3세계 국가 지도자들의 폭넓은 지지를 받고 있다. 이러한 인기와 브릭스 국가의 위상 등이 메가 이벤트를 브라질로 유치한 원동력이라고 할 수 있다. 브라질은 메가 이벤트를 계기로 교통, 통신 등 사회간접자본을 획기적으로 개선할 수 있는 기회를 갖게 되었다.

그리고 룰라 정부의 중요한 실험적 조치는 산업정책이다. 특히 제조업분야의 투자 유치정책을 주목할 필요가 있다. 브라질이 생산하는 자원의 가공도를 높여 수출함으로써 국내 산업을 육성한다는 전략이다. 철광석을 수출해온 브라질이 우리나라의 동국제강과 포철을 끌어들여 동북부 세아라주에 팔레트 생산 공장을 짓고 있다. 또한 심해 유전에 매장된 석유 생산을 계기로 자국의 조선산업 육성 정책을 추진하고 있다. FPSO(Floating Production Storage and Offloading), 플랫폼과 작업선 등 심해유전 개발에 필요한 선박은 자국산으로 구매한다는 전략이다. 우리나라와 싱가포르 등 아시아 국가들이 브라질에 조선소를 짓고 있는 이유다.

"페트로 브라스는 브라질의 자존심입니다." 페트로 브라스 자회사의 사장실에 근무하고 있는 아나의 말이다. "페트로 브라스는 매출액이 1,000억 달러(2009년)가 넘고 시가총액 기준으로 미국의 엑슨모빌에 이어 두 번째로 큰 회사지요. 해저 유전 개발 기술은 세계 최고입니다. 브라질에 해저유전이 많아 일찍부터 해저유전 기술을 개발하였기 때문입니다." 대단한 자부심으로 말을 잇는다. 굳이 아나의 말을 빌리지 않아도 페트로 브라스의 파워는 잘 알려진 사실이다. 현재 브라질은 세계16위 산유국이며, 산토스 해안의 심해유전을 개발하면 세계 5위 산유국으로 발돋움할 것이다. 브라질의 산토스 해역 심해 유전에 600억 배럴의 석유가 매장되어 있으며 석유개발 플랫폼 구축을 위해

60억 달러 투자 프로젝트가 진행 중이다.

룰라 정부는 이러한 유전개발을 브라질의 조선산업 육성으로 연결시키기 위한 산업정책을 추진하고 있다. "한국의 대량생산기술은 세계 최고로 알고 있어요. 우리 I사가 페트로 브라스에서 주문받은 30개의 플랫폼 모듈을 빨리 생산해야 하는데 걱정이에요. 한국기업과 협력할 수 있도록 모듈생산기술을 보유한 기업을 좀 소개해 주세요." I사 네또 이사의 말이다. 수요가 넘쳐나지만 브라질에서 생산된 플랫폼, 원유운반선 그리고 작업선 등 선박을 구매한다는 브라질 정부의 정책은 엄격하다. 돈 많은 브라질의 건설, 철강기업들이 외국기업과 합작으로 앞 다투어 조선소 건설에 나서고 있는 이유다.

"우리는 한국기업과의 협력에 매우 만족하고 있어요. 현대중공업과 우리 OSX가 합작으로 짓고 있는 조선소에 큰 기대를 가지고 있죠. 양사의 장점을 결합하여 브라질 조선시장을 석권할 겁니다." OSX모회사인 EBX의 안토니오 이사의 말이다. 브라질의 이러한 정책 때문에 이미 삼성중공업도 현지사와의 합작사인 아뜰란찌고 술 조선소 건설에 참여한 바 있다. 그리고 삼성의 기술로 건조한 대형선박 진수식에 참가한 룰라의 연설 모습이 미디어를 통해 브라질 전역에 소개되기도 했다.

브라질 정부는 경제적으로 가장 낙후된 지역인 동북부 지역개발에 가장 많은 노력을 쏟아붓고 있다. 이러한 정책과 브라질 동북부 해안의 풍부한 바람 때문에 풍력발전소 건설 붐이 일고 있다. 브라질 정부는 동북부 지역에 풍력단지를 짓기 위해 필요한 자금을 브라질 산업 은행이 장기 저리로 대부를 해주는 특혜를 제공하고 있다. 단, 풍력단지 건설에 사용되는 기기가 브라질에서 생산된 제품이어야 한다. 외국기업이 브라질에 풍력발전용 기기 생산 공장을 짓도록 유도하기 위한 조치다. 덕분에 베스타스를 비롯하여 GE, 임사 등 세계 굴지의 풍력발전 업체들이 브라질에 생산공장을 가지고 있다.

결국 국제 원자재 가격이 브라질의 수출을 증대시키고 신규 광산 개발과 교통부문 등에 투자 자본이 유입되면서 자연스럽게 고용이 늘고 있다. 고용증대와 물가 안정이 결합되면서 자동차, 전자제품 등 내구성 소비재 판매가 늘고 있다. 따라서 기업들이 생산설비를 확대하는 투자로 이어지고 있다. 이러한 투자 증대가 또 고용을 더욱 확대하고 소비증대로 이어지는 선순환 구조를 형성한 것이다. 이런 현상이 룰라 대통령 재임기간에 이어져왔다. 브라질의 경제가 성장하고 구매력이 늘어나면서 다른 중남미국가의 대 브라질 수출이 증가 했다. 또한 브라질에서 몰려가는 관광객들 덕분에 인근국의 경제가 활성화되고 있다. 아르헨티나, 파라과이와 우루과이 등이 직접적인 혜택을 받은 국가들이다.

룰라 대통령이 통합의 대통령으로 불리는 이유는 과감한 사회정책 때문이다. 룰라 대통령의 극빈층을 위한 정책은 볼사 화밀리아로 구체화 되었다. 극빈층 중에서 보건 위생검사를 주기적으로 받고 자녀들에게 학업의 기회를 주는 사람들에게 일정한 보조금을 지급한 것이다. 이렇게 극빈층에 돈을 주어 시장경제의 맛을 보게 하고, 교육을 확대하고 일자리를 제공함으로써 브라질의 중산층이 넓어지고 있다. 중산층의 구매력은 또 다시 새로운 경제성장 요인으로 환류(還流)된다.

고급 브랜드 제품을 구매하는 A, B계층은 2005년 15%에서 2010년 21%로 증가했지만, 내구 소비재를 구매하는 C계층(월 가계소득 610달러 이상)의 비중은 2005년 34%에서 2010년 53%로 급증하였다. 반면에 구매력이 거의 없는 극빈층인 D, E계층은 2005년 인구의 과반인 51%였는데, 지금은 25%로 감소하였다. 2009년을 기준으로 보아도 C계층의 99%가 TV를, 87%가 휴대폰을 사용하고 있다. 그리고 이들 C계층의 71%가 매일 정보탐색이나 이메일 등을 위해 인터넷에 접속하고 있다. 분명 브라질 사람들의 삶의 형태가 OECD국가들과 닮아가고 있다.

브라질 시장이 아직도 매력적인 이유는 지속적인 성장의 여지가 남아 있기 때문이다. 그동안의 경제성장에도 불구하고 아직도 인구의 25%인 5,000만의 D, E계층 인구풀이 있다. 이 중에서 매년 약 200만 명 수준의 인구가 C계층으로 올라가고 있다. 브라질 경제지 표현을 빌리면 매년 캐나다 만한 시장이 새로 생기는 곳이 브라질 시장이다. 이런 추세가 향후 20년간 이어질 것으로 예상한다면 매력적인 시장이 아닐 수 없다.

룰라로부터 대통령직을 이어받은 지우마 대통령도 취임 일성으로 강조한 것이 '빈자를 위한 대통령'이다. 볼사 화밀리아 정책을 통한 보조금을 19.4% 인상했다. 그리고 월소득이 35달러에도 미치지 못하는 극빈층을 위해 100억 달러를 투입한다는 정책을 발표하였다. 현재 극빈층 인구가 1,600만으로 나타나고 있는데 이들을 위한 교육과 위생환경을 개선하고 일자리를 만들어 준다는 전략이다. 지우마 대통령 취임 후 각료가 7명이나 부패혐의로 사임하는 등 어수선한 상황에 처하였다. 그러나 적극적인 사회, 경제정책 덕분에 국민들로부터 70%대의 지지를 받고 있다.

브라질 정부의 이러한 노력에도 불구하고 룰라 대통령 때부터 이어져 온 브라질의 지속성장세는 시험대에 올랐다. 2010년 7.5%를 기록한 경제성장률이 2011년에는 2.7%로 떨어졌다. 향후 성장률 전망치도 낮아지고 있다. 물론 유럽의 금융위기가 악영향을 미쳤기 때문이다. 중국도 8%대 성장세를 유지할 수 있을지 의문이다. 이런 국제경제 환경이 브라질의 경제성장 잠재력을 위협하고 있다. 그동안 중국으로의 수출이 급증하고 중국으로부터의 투자유입이 많았기 때문이다. 이런 속사정 때문에 브라질의 지우마 대통령은 세계적인 경기침체로 원자재 가격이 하락하는 것을 경계해 왔다. 브라질의 무역수지를 악화시킬 것이 분명하기 때문이다.

그리고 룰라정부가 추진해 온 산업화 정책도 기로에 서 있다. 경쟁력을 가지고 지속 성장을 해야 하는데 경기가 후퇴하면 수요부족으로 그동안의 노력이 무너질 수 있기 때문이다. 리오와 상파울루 앞바다의 심해유전 개발을 계기로 추진한 조선산업 육성전략이 성과를 내지 못하고 있는 것을 보아도 알 수 있다. 페트로 브라스는 심해유전 개발용 선박을 브라질산이 아니면 구매하지 않는다는 전략을 구사해왔다. 그래서 우리나라 삼성과 현대중공업은 브라질 현지기업과 합작으로 브라질에 생산공장을 건설하였다. 브라질의 많은 기업들이 거금을 투자한 상태이다. 그러나 아직 브라질의 어느 기업도 세계에서 인정할 수 있는 품질의 선박을 만들지 못하고 있다. 세계 유가가 하락한다면 해저 6,000미터에서 채굴하는 브라질 심해유전의 경제성이 걱정될 수밖에 없을 것이다. 페트로 브라스가 심해유전개발사업을 활발하게 진행하지 못하면 브라질 기업이 투자한 조선산업은 심각한 타격을 받을 수밖에 없다.

더욱이 문제가 큰 것은 브라질의 고비용구조다. 임금, 이자율 세금 등 기업활동에 영향을 미치는 모든 코스트가 높은 구조적 특징을 가지고 있는 나라다. 따라서 브라질 공장에서 생산한 제품을 해외시장에 팔 수 있는 경쟁력이 없다는 점이 문제다. 브라질 내수를 보고 투자한 외국계 기업들의 고민이 여기에 있다. 브라질 내수시장이 크지만, 해외시장으로 내다 팔 수 없고 브라질 내수시장에만 의존하는 불안정한 구조이기 때문이다.

그리고 소비 위축도 우려되는 분야이다. "브라질 사람들은 자동차를 60개월 할부로 사는 것이 일반적이래." "이자율이 엄청나게 높을 텐데…." "브라질은 중앙은행 기준율이 10%대이고 시중 실세금리가 우량기업이라도 30%대잖아?" "개인이 융자를 내면 이자율은 100%

에 육박한다고 하던데…" 한국 지상사 사람들이 도저히 이해할 수 없는 브라질 사람들에 대한 이야기를 할 때 오가는 대화들이다. 브라질의 많은 소비자들이 룰라 대통령 재임기에 엄청난 이자부담을 앉고 자동차 등 비싼 내구성 소비재들을 마구 사들였다. 2011년 초부터 영국의 〈파이낸셜 타임스〉 등에서는 브라질의 이러한 소비행태에 우려를 표시해왔다. 경제가 조금만 악화되어도 할부금을 낼 수 없는 소비자가 급속히 늘 수 있기 때문이다.

그러나 브라질은 2014년 월드컵과 2016년 올림픽 등 메가 이벤트를 개최할 예정이다. 그리고 정부 지출을 통해 경제를 부양할 수 있는 정책 수단을 가지고 있다. 또한 세계에서 가장 높은 수준의 이자율도 따지고 보면 경기 부양정책에 활용할 수 있다. 이자율 인하가 중요한 금융정책 수단이 되기 때문이다. 그리고 2012년 8월 발표된 〈어니스트 영 보고서〉에 따르면 글로벌 기업 중 절반이 내년까지 브라질 시장 진출을 검토하고 있는 것으로 나타났다. 그동안 브라질 투자에 소극적이던 파나소닉등 일본기업들까지 적극적인 현지 투자 대열에 동참하고 있는 상황이다.

항상 럭비공같이 어느 방향으로 튈지 예측하기 어려운 곳이 브라질이다. 룰라대통령이 이룩했던 경제적 성과가 어느 방향으로 진행될지 예측하기 어려운 상황이다. 최근의 글로벌 경제동향을 보면 안정적 경제시스템이 무너지고 있는 나라가 많다. 세계경제 환경이 브라질 경제의 안정성을 흔들고 있는 것이다. 그러나 브라질이 여러 가지 경

제 정책 수단을 가지고 있는 점을 생각하면 상대적으로 덜 불안한 상
황으로 볼 수도 있다. 다만 2016년으로 예정된 올림픽 등 경제 성장을
견인할 특수가 끝나는 중장기 이후의 성장 형태가 어떤 모습을 나타
낼지 브라질의 정치와 경제 분야 지도력에 달려 있다고 생각된다.

우리기업의
도전

"한국 기업들 정말 대단하네요. 공항에서 들어오면서 삼성, LG 등 한국기업 광고판이 즐비해 있는 것을 보았어요. 한국이 브라질 시장의 선두로 부상하는 것 같아요." KOTRA의 상파울루 무역관을 찾아온 일본 기자들의 너스레다. "브라질에 와서 일본의 경제력에 정말 놀랐습니다. 1950년대부터 농장을 사들이는 등 농업에 투자를 하고 있더군요. 그리고 아지노모도 등 식품 가공회사, 토요타나 혼다 등 자동차 회사들이 브라질공장을 가동 중이지 않아요?" 브라질에서 일본의 경제력에 비하면 한국은 아직 보잘 것 없는 현실을 일본 기자들에게 설명했다. "어쨌든 최근에는 한국 기업들의 브라질 투자가 활발한 것 같던데 그렇죠?" 하고 일본 기자가 다시 묻는다. "우리가 보기에는 일본 기업들도 적극 투자를 해야 하는데 너무 소극적이어서 걱정입니다. 소니 등이 투자 계획을 수립한 지 오래되었는데 실행을 못하고 있어요. 일본의 최고 경영층에서 지나치게 신중한가 봐요. 일본 기업의 최고 경영진들은 지난 40년간 브라질의 경제가 부침을 거듭했기 때문에 투자에는 신중해야 한다는 입장이래요. KOTRA에서는 한국기업들에게 어떤 관점에서 브라질 투자환경을 설명하나요?" 하고 일본 기자가 물었다. "우리는 브라질 경제가 과거보다는 많이 안정되었고 지금이 투자를 늘려야 할 적기로 보고 있어요. 다만, 워낙 특성이 강한 시장이라서 시장 특성을 연구하면서 점진적으로 추진하는 것이 좋다고 안내하고 있어요." 일본 언론과의 인터뷰만이 아니다. 브라질의 언론사들과 미국계 다우사 등 많은 언론들이 한국기업의 브라질 진출에 관심을 보이고 있다.

이처럼 각국에서 우리 기업의 브라질 진출에 관심을 보이는 것은 우연이 아니다. 2011년 우리나라가 10대 브라질 투자대국으로 부상했기 때문이다. "한국기업, 브라질에 10억 달러 투자" 브라질의 유력 일간지 〈폴랴(Folha de São Paulo)〉에 실린 기사다. 한국기업의 투자는 2004년 1,990만 달러에 불과했지만 이후부터 증가세를 나타내기 시작하였다. 2008년에는 6억 달러를 돌파하였다. 2009년에는 세계 경제위기의 여파로 2억 달러 수준으로 잠시 축소되었다. 그러나 2010년에는 10억 달러를 돌파했다. 물론 아직 유럽과 미국 기업들이 직접투자를 주도하고 있다. 127억 달러를 투자한 네덜란드가 1위,

54억 달러를 투자한 미국이 2위, 53억 달러를 투자한 스페인이 3위의 투자국이다. 그러나 이제 우리 기업들이 발 빠르게 투자를 늘리면서 이들 유럽과 미국 기업에 도전장을 내밀고 있는 것이다.

우리나라의 투자 중 가장 관심을 끄는 분야는 자동차산업이다. 현대자동차는 2000년대 들어 한국에서 생산한 아제라(그렌져)와 투산 등 고가모델 자동차를 브라질 시장에서 판매하기 시작했다. 수입차종이라는 불리한 여건에도 불구하고 2010년에는 시장점유율 5%를 기록하여 사람들을 놀라게 했다.

그러나 현대자동차의 성장에는 극복 불가능한 2가지 장애 요소가 있었다. 수입차는 수입 규제조치에 극히 취약하다. 또한 브라질 시장은 소형 저가 자동차가 주도한다. 브라질 시장의 50% 이상이 1.5리터 이하의 소형차 시장이다. 그래서 한국에서 가져온 중대형 모델로는 브라질에서 시장 점유율을 크게 늘릴 수 없음이 분명하다. 현대자동차는 이러한 문제점을 극복하기 위해 6억 달러를 투자하여 연간 15만 대 규모의 소형차 생산 공장을 설립하였다. 2011년 10월부터 가동에 들어갔는데 12월 말 기준 판매가 벌써 1만 대를 돌파하여 소형차부문에서 4%의 시장점유율을 기록하였다. 현대자동차는 2012년 현지 생산 자동차 15만 대와 수입차 5만 대를 합쳐서 20만 대를 팔 수 있을 것으로 보고 있다.

이러한 현대자동차의 공세에 폭스바겐(Volkswagen), 피아트(Fiat), GM과 포드(Ford) 등 75%의 시장점유율을 차지하고 있는

BIG4가 바짝 긴장하고 있다. GM과 피아트도 대응전략으로 6억 달러씩 투자해서 생산 규모를 2배 늘린다고 발표했다. 일본의 도요타와 혼다도 제2공장을 지어 현대의 도전에 맞서고 있다. 그러나 현대자동차 브라질 공장이 가동되기 시작한 직후 3개월을 기준으로 보면 현대자동차의 압승이다. 최장수 베스트셀링 모델인 폭스바겐 골프(Golf)의 시장 점유율이 10.5%, 경쟁차종이었던 피아트 팔리오(Fiat Palio)의 시장점유율이 6.9%에 머물고 있다. 그런데 현대의 브라질 현지생산 모델인 HB20의 시장점유율은 단숨에 4%를 기록하였다.

이러한 현대자동차의 브라질 진출이 여러 가지 파급효과를 유발하고 있다. "공장 건설을 위한 기초 작업을 마쳐서 마음이 편해요. 저쪽이 공장 부지예요. 공장부지 조성을 마치고 기둥이 올라가는 것이 보이지요? 공장 건설 준비작업이 정말 힘들었습니다. 토지를 구매할 때는 정말 황당했어요. 변호사가 들이미는 토지매매 계약서를 보니 백과사전같이 두꺼웠어요. 토지에 오염물질이 묻어 있어도 매도인의 책임이 아니라는 등 말도 안 되는 조항들로 꽉 차 있었지요. 이게 왜 필요하냐고 물었죠. 매도인이 어떤 책임도 지지 않기 위해 온갖 면책 조항을 넣었기 때문이라고 하더군요. 별의 별 상황을 가정해서 책임 소재를 명시적으로 매수인에게 떠넘기기 위해 작성한 매매계약서였어요. 토지 매수 후 모든 책임을 담당한다고 결심해야 계약서에 서명을 할 수 있었어요. 이러다가는 아무것도 안 되겠다 싶어 과감히 서명하고 토지를 구입했습니다. 공장 건설을 위해서는 또 여러 가지 관공서의 인허가를 받아야 해요. 그리고 브라질의 건설관련 하청 업체와의 계약도 까다롭지요. 브라질 법체계와 비즈니스 관행을 모르는 우리들이 직접 추진하는 것은 어려워요. 그래서 다양한 경험과 로비력을 가진 전문가를 컨설턴트로 고용하고 공장 건설을 시작했어요. 이런 어려움에도 불구하고 현대자동차 협력업체로서 좋은 비즈니스 기회를 살려야 겠다는 일념으로 여기까지 달려왔습니다." 현지 공장을 건설하고 있는 M사가 들려주는 쓰라린 경험담이다. 현대자동차 브라질 공장이 이렇게 부품업계의 브라질 진출을 재촉하고 있다. 만도를 비롯하여 8개 협력업체가 현대자동차와 브라질에 동반 진출하였다. 자동차용 시트, 배선용 전선 등 많은 부품들이 브라질 공장에서 제조된다.

"빠뜨리샤, 미안해요. 차가 워낙 막혀서 약속 시간보다 1시간 정도 늦게 도착할 것 같아요." 찌에떼(Tie-te) 강변도로에서 다급하게 GM 브라질에 연락을 했다. "걱정 말고 천천히 오세요." 다행히 GM 담당자가 아무렇지도 않다는 듯이 태연하게 대답했다. 초조한 마음으로 2시간을 달려 GM에 도착했다. 오전 11시에 만나기로 했는데 12시나 되어서 GM에 도착한 것이다. "이 친구는 프레스 공정 설비를 담당하고 있는 엔지니어 죠제예요. 한국 GM에서도 일한 적이 있어 한국을 잘 알고 있지요." 빠뜨리샤가 동료를 소개해 주었다. "한국에 얼마동안 살았어요?" 하고 물어 보았다. "부천 공장에서 3년간 일했어요. 우리 가족 모두 친한파지요. 한국 생활이 정말 재미있었거든요. 나는 한국 자동차 부품의 품질이 좋다는 것을 잘 알고 있어요. 한국산 부품을 다른 엔지니어에게도 적극 소개하고 있지요." GM브라질의 죠제가 정말 고맙게 여겨졌다. 여러 엔지니어들을 대상으로 한국 자동차 산업을 소개하는 설명회를 마친 후 빠뜨리샤가 말했다. "모든 것이 잘 됐습니다. 우리 구매담당 부사장도 한국산 부품 소싱 (Sourcing)을 위한 로드쇼 개최 아이디어를 좋아하네요. 다음주에 다시 와서 우리 부사장에게 로드쇼에서 전시할 부품과 참가 기업 그리고 세미나를 통해 발표할 내용 등을 자세하게 설명해 주세요." 설명을 마친 빠뜨리샤가 환하게 웃었다. "잘 알겠습니다." 이런 과정을 거쳐서 GM브라질 구내에서 한국산 자동차 부품의 전시 상담회가 개최되었다.

"김관장님, 다음주에 구매담당이사 주제 미팅이 있는데, 참석하실 수 있어요?" 로드쇼가 끝나고 한 달 뒤 GM의 빠뜨리샤가 다시 연락을 해 왔다. "한국산 자동차 부품 전시상담회 후속조치들을 논의하고 싶어해요." 하고 말했다. "알겠습니다. 그렇지 않아도 우리가 원하던 미팅입니다." 하고 기꺼이 대답했다. 그리고 미팅에서는 GM이 구매를 원하는 부품 리스트가 다시 검토되었다. 미팅이 끝나 갈 무렵 GM의 구매담당 부사장이 말했다. "김관장님, 우리가 한국산 부품을 구매하고 싶지만 한국서 운송해 오기에는 너무 오랜 시간이 걸리고 적기 부품 조달에 차질이 있을 수 있어요. 그래서 한국기업이 브라질에 공장을 짓고 생산할 수 없을까 생각해요. 현지공장 생산품에 대해서는 GM이 적극 구매할 것입니다." 한 달 전 폭스바겐 브라질 공장을 방문했을 때도 같은 요청을 받았던 일이 생각났다. 역시 어렵지만 브라질에 현지공장이 있어야 부품도 팔아먹을 수 있다는 것을 절실히 느꼈다. "충분히 이해합니다. 현대자동차의 브라질 진출을 계기로 한국 자동차 부품기업들이 브라질 시장에 관심을 가지고 있습니다. 어느 기업들이 진출할 수 있는지 같이 연구해 봅시다." 하고 설명을 마친 후 사무실로 돌아 왔다.

2011년 브라질에서 판매된 자동차가 363만 대이다. 세계 4위의 판매 규모를 자랑하는 거대 시장이다. 그리고 브라질에서 341만 대의 자동차가 생산되었다. 부품시장의 판매 규모도 짐작이 갈 것이다. 이런 시장 규모에도 불구하고 브라질 기업들이 생산하는 부품의 품질은 정말 낮은 수준이다. GM브라질의 요청으로 방문해 본 자동차 창문틀을 만드는 공장은 조금 과장하면 우리나라 철공소 수준이었다. "나는 우리 부친을 자랑스럽게 생각해요. 독일에서 이민을 왔지만 자동차 부품 공장을 만들어 50년간 잘 운영해 왔거든요. 그러나 이제 기술력이 한계에 온 것 같아요. GM 등이 생산하는 자동차의 디자인이 다양화 되는데 우리 기술과 설비로는 그렇게 다양한 상품을 생산할 수 없어요. 한국 기업의 기술과 설비를 도입했으면 하는데 좀 도와주세요." 브라질 Z사 사장이 들려주는 이야기다.

브라질의 자동차 산업 실태를 보면서 우리 기업의 저력이 더욱 자랑스럽다. 짧은 기간에 세계 최고 수준의 산업 기반을 구축했기 때문이다. 브라질처럼 자동차산업의 역사가 긴 나라들의 낙후된 산업을 보면 우리 기업의 저력에 감탄하지 않을 수 없다. 브라질 자동차 산업의 역사는 제 2차 세계대전 직후로 거슬러 올라간다. 브라질의 GM공장은 1950년에 설립되었다. 뒤를 이어 유럽의 폭스바겐, 피아트 그리고 미국의 포드 등이 앞 다투어 브라질 공장을 가동하기 시작했다. 문제는 아직도 진출 당시의 기술 수준에 머물러 있다는 것이다. 브라질의 인기 있는 소형버스 모델인 'KOMBI' 이야기를 듣고 황당했다. 폭스바겐이 생산하는 미니버스 KOMBI는 1960년대 독일서 생산하던 모델이다. 독일에서 생산이 끝난 모델의 설비를 브라질로 가지고 와서 아직도 KOMBI를 생산하여 판매하고 있다. 브라질 자동차 산업의 현주소를 단적으로 보여주는 사례가 아닐 수 없다. 그동안 자동차 조립기업들이 이와 같이 정형화된 모델만 생산하다 보니 부품산업이 발달할 수 없었다. 그런데 이제는 브라질에서도 소비자들이 새로운 디자인의 자동차를 찾고 있다. GM을 중심으로 하는 BIG4는 미국이나 유럽에서 개발한 새로운 디자인을 가져올 수 있지만 브라질 내 부품기업들이 받쳐주지 못해 헤매고 있는 것이다. 우리 기업의 투자가 자동차에서 기계류·섬유 등 다방면으로 확대되고 있는데, 막대한 설비가 투자되는 화섬분야 공장까지 가동 중이다.

"이거 정말 위험한 것 같다. 속도를 좀 더 줄이고 천천히 갑시다."
"알았어요." "거리는 얼마 안 되는데 이렇게 가면 도대체 언제 도착할까?" 상파울루주의 남단을 지나 빠라나주의 꾸리찌바시로 가는 길에 주고받은 대화다. 브라질 최남단의 도시인 뽀르또 알레그리(Porto Alegre)에서 꾸리찌바를 거쳐 상파울루와 리오로 이어지는 브라질의 대동맥과 같은 국도의 사정이 이 모양이다. 이 길은 우리나라의 경부고속도로와 같이 핵심적인 역할을 하는 산업 도로이다. 어떻게 이런 중요한 도로를 이토록 방치해 뒀을까? 지렁이처럼 구불구불한 왕복 2차선 도로로 남아 있다. 그것마저 오르막내리막이 이어지고 있으니 황당하다. 비라도 내려서 도로가 물에 젖으면 미끄러워서 차들이 달리는 것이 아니라 기어 다닌다.

이렇게 애를 태우며 산맥의 준령을 넘어서자 다시 넓게 펼쳐진 평원이 나타났다. 그리고 두어 시간을 달려서 생태환경 도시로 세계적인 명성을 가지고 있는 꾸리찌바(Curitiba)시에 도착했다. 꾸리찌바시 시내의 길들은 고갯길을 넘으면서 경험했던 도로와 전혀 다르다. 도로망이 잘 정비되어 있다. 또한 버스들이 중앙 차선을 달리는 효율적으로 설계된 교통시스템이 인상적이었다. 이명박 대통령이 서울 시장으로 재직할 때 꾸리찌바를 방문하여 생태환경 교통 시스템을 보고 갔다. 그 결과로 탄생한 것이 서울의 중앙 버스 전용차선이다. 꾸리찌바시를 보면서 극단적으로 차이가 나는 브라질의 다른 얼굴을 느낄 수 있었다.

위험하기 짝이 없는 '꼬불 길'에서 지친 몸을 잠으로 달래고 다음날 주정부를 찾았다. "어떻게 오셨어요?" "한국 기업들이 브라질 남부에 관심이 많아서 산업 환경을 보러 왔어요." 주정부 인사들과 이어지는 대화이다. "빠라나(Parana)주는 브라질에서 가장 중요한 농업 중심지입니다. 그리고 남쪽의 섬유산업 중심지와 가까운 지리적 이점도 있어요. 한국기업들에게는 새로운 기회의 시장입니다. 한국의 투자기업들에게는 적극적으로 세제혜택을 제공하도록 노력하겠습니다." 농업을 중심으로 발전한 주들도 새로운 산업 유치를 위해 노력하는 모습이 인상적이었다. 반나절 동안 주정부와의 일정을 뒤로하고 계속 남쪽으로 향했다.

"공장이 고속도로변이어서 물류관리에 이점이 많을 것 같아요." 효성이 1억 달러를 투자하여 건설한 연간 1만 톤 규모의 스판덱스(Spandex) 공장을 둘러보면서 물었다. "우선 항구가 멀지 않고 고속도로변이어서 생산 면에서 이점이 많지요. 뿐만 아니라, 브라질의 섬유산업 중심지가 주변 지역에 있어 판매 면에서도 장점이 많아요. 이 공장의 서쪽 편에 있는 블루메나우(Blumenau)는 독일인들 밀집 도시지요. 가을에는 옥토버 패스트(Oktober Fest) 등의 맥주 축제가 유명한 관광중심지입니다. 산업으로는 브라질 섬유산업의 중심지여서 우리 제품의 주요 고객들이 있습니다. 스판덱스는 고기능성의 고탄력 원사로 신축성이 큰 특성을 가지고 있어요. 란제리, 스타킹, 수영복 등의 의류 소재로 사용되고 있습니다. 브라질 사람들은 몸매를 과시하기 위해 몸에 달라붙는 옷을 즐겨 입기 때문에 꾸준히 수요가 증가하고 있습니다. 이 공장 덕분에 우리 효성의 원사 브랜드인 크레오라가 브라질 최고 브랜드가 될 것으로 기대하고 있어요." 효성은 새로운 공장을 가동하면서 기대에 차 있었다.

"그러나 이 공장 짓는 일이 생각만큼 만만치는 않았어요. 앞으로도 운영을 하면서 어떤 어려움이 닥칠지 걱정입니다." 자신감 속에서도 항상 긴장감을 놓을 수 없는 공장장의 설명이다. "공장만 잘 지으면 되는 줄 알았는데 어려움이 계속 되더군요. 고속도로에서 공장으로 들어오는 진입로를 만들고, 고속도로를 따라 고압선이 지나지만 전기를 공장으로 가져오는 것까지도 속깨나 썩였습니다. 당초 주정부가 공장을 유치하려고 책임지고 도와준다고 했지만 그렇지 못했지요. 간단해 보여도 진입 도로 건설과 전기들 끌어 오는 데 많은 돈이 들었어요. 그런데 뒷짐 지고 있던 주정부는 진입로가 완성되자 주정부에 기부를 해야 한다면서 바로 달려오더군요. 브라질은 기회가 많은 시장이지만 비즈니스 환경이 만만치 않다는 점을 꼭 기억해야 해요." 아직도 화가 치민다는 듯이 공장장이 하소연을 하였다. "제가 지난달에는 효성이 운영하고 있는 깜삐나스의 타이어 코드 공장을 둘러 볼 기회가 있었어요. 생산 제품을 전량 인접해 있는 미국 굿이어(goodyear) 공장으로 판매를 하고 있더군요. 공장장님께서 브라질 근무 경험이 많은 베테랑이셔서 그런지 아주 수익성이 높던데요. 효성은 여러 분야에서 다양한 경험을 가지고 있으니 이 공장도 훌륭하게 키울 것으로 생각됩니다." "저희들도 그렇게 기대하고 있어요." 이렇게 덕담을 주고 받은 후 발길을 상파울루로 돌렸다.

한국기업의 투자가 늘어나면서 브라질 사람들의 한국에 대한 인식이 정말 바뀌고 있다. 진정한 성장 동반자로 생각하는 경향이 강하다. '중국도 아니고 일본도 아니고 한국이다' 〈니고시우스〉라는 브라질 경제 잡지에 실린 기사다. 한국을 높이 평가해주는 것이 고맙기도 하고 우리 활동에 이용할 수 있을 것 같은 생각에 기사를 작성한 기자를 찾았다. 놀라운 것은 한 달 동안 기자가 한국을 방문해서 많은 기업과 기관을 방문, 취재하여 작성한 기사였다는 것이다. "저도 처음에는 LG가 한국 브랜드인 줄 몰랐어요. 천연덕스럽게 기자가 말했다. LG는 대부분의 브라질 국민들이 알고 있는 국민 브랜드입니다. 당연히 유럽기업의 브랜드일 거라 생각했지요. 그런데 삼성의 브랜드 지명도가 최고로 부상하고, 현대자동차가 약진하면서 한국기업의 힘을 알기 시작했어요. 이제는 나도 삼성, LG, 현대, SK 등 대부분의 한국 브랜드를 알고 있어요." 자랑스러운 듯 한국에 대한 지식을 자랑했다.

삼성과 LG는 이미 브라질에 LCD TV, 모니터 그리고 PC 생산 공장을 가동 중이다. 휴대폰 부문도 현지생산을 통해 독보적인 브랜드로 자리 잡고 있다. 브라질의 중산층이 늘어나면서 1인당 1대 이상의 휴대폰 보급률을 기록하고 있는 매머드 시장을 삼성과 LG가 장악하고 있으니 연간 매출이 각각 40억 달러 이상을 기록하는 것이 전혀 이상하지 않다.

그런데 유독 백색가전 부문에서는 아직 우리기업이 힘을 못 쓰고 있는 상황이다. 지금은 GE, Mabe와 월풀이 시장을 석권하고 있다.

그러나 이 시장에서도 변화의 움직임이 일고 있다. 삼성과 LG가 현지 공장을 건설하여 시장 점유율을 높여가기로 했기 때문이다. "한국에서 수입한 제품을 팔아 보았는데 역시 가격 경쟁력 등의 약점이 있어 여의치 않네요. 그래서 이번에 브라질에 백색가전 공장을 지을 계획을 가지고 있어요." 지상사 모임에서 L사 임원이 현지공장의 필요성을 역설했다. "지난주 신문을 보니 LG전자, 삼성전자가 3억 달러를 투자하여 냉장고 등 백색가전 공장을 짓는다고 하던데요?" 하고 물어 보았다. "그래요, 지금 공장 건설을 추진 중이고 공장이 가동되면 시장점유율을 늘릴 수 있어요." 자신감 있게 대답했다. "판매 가격을 30%까지 인하할 수 있고 납기도 단축되기 때문에 판매력이 늘어나는 것이 당연하지 않겠느냐고 자신감을 가지고 반문했다.

한국기업의 브라질 상륙에 자극받아 브라질 각 지방정부도 한국기업 유치에 열을 올리고 있다. 브라질은 정부의 정책이 비즈니스에 많은 영향을 미치기 때문에 우리 기업들이 열심히 지방정부를 방문하여 상담에 임하게 마련이다. "저기가 엑스포 미나스 전시장이에요. 국제광산 전시회가 열리고 있습니다. 세계 광업관련산업과 기술을 이해할 수 있는 최고의 행사지요." 미나스제라이스주의 초청으로 우기 지상사들이 대거 미나스제라이스주의 전시회를 방문했을 때 안내원들이 들려준 이야기다. "세계 굴지의 광산이나 건설관련 중장비 생산기업들을 만날 수 있습니다." 전시회 주최측의 안내를 받으면서 상파울루에서 같이 온 지상사 사람들이 전시장으로 들어섰다. "저쪽에 현대, 두산 부스가 있는데 한번 가 보시죠." 같이 가던 S사 지사장이 말했다.

"안녕하세요?" 우리는 두산 부스에 들어서면서 마침 상담을 마친 세일즈맨과 이야기를 나누기 시작했다. "지금 브라질로 수출을 많이 하세요?" "아직은 수출실적이 미미해요. 워낙 수입에 대한 장벽이 높아서 수출로는 한계가 있네요. 수입품을 취급하려는 딜러들이 모여들지를 않습니다. 그래서 6,000만 달러를 투자해서 상파울루주에 공장을 짓고 있어요. 사실 건설장비 분야는 현대중공업이 선두 주자예요. 이렇게 어려운 브라질 시장에서도 연간 2,000대 정도는 판매하는 것으로 알고 있어요. 그런데 심지어 현대도 매출이 잘 늘지 않아서 1억 5,000만 달러나 투자해 현지에 공장을 짓는다고 하네요. 브라질의 중장비 수요는 지난 6년간 26%씩 증가했고 현재 연간 2만 대 수준입니다. 월드컵과 올림픽 준비로 사회간접자본 건설 투자가 계속되고 있기 때문에 이러한 증가세는 최소한 2015년까지 계속되지 않겠어요?" 두산의 세일즈맨이 자신 있게 설명했다. "그러지 않아도 지난달에 두산인프라코어의 굴삭기 공장 건설 현장에 가 보았어요. 이미 부지 정지작업을 마친 상태이던데요?" 하고 무역관장이 현장감을 전달했다. "최근에는 브라질에 대한 한국기업들의 투자 붐이네요. 아마 이런 투자증가 현상이 당분간 계속될 것 같아요." 옆에 있던 D사 임전무가 말을 거들었다. "D사를 인수한 포스코도 48억 달러를 투자하여 동국제강, 브라질의 발리사와 합작으로 공장을 짓고 있다고 들었는데요?” 하고 S사 지점장이 다시 물었다. “세아라주 뻬생에 연산 300만 톤급 고로 제철소를 짓고 있어요. 철광석을 원재료로 이용해 반제품인 슬래브를 생산하고, 동국제강이 생산된 슬래브를 수입할 예정입니다.” “포스코 건설이 EPC계약권을 따냈지요. 5조 원대의 제철소 건설을 맡았는데 한국 건설업계로서는 최대 프로젝트로 생각되네요.” D사 임전무가 흐뭇한 표정으로 말한다.

“브라질에서의 우리 비즈니스도 정말 빠르게 성장하고 있어요.” STX 팬오션 지점장도 말을 이었다. “STX 팬오션은 세계 최대 펄프 생산업체인 브라질 피브리아사와 50억 달러 규모의 장기 운송계약을 체결했어요. 2012년부터 25년간 파브리아사가 전 세계로 운송하는 우드펄프 전량을 우리가 수송하는 계약입니다. 회사에서는 좋아들 하고 있어요. 그러나 저는 지금 그 일 때문에 골머리를 알고 있어요. 브라질 파브리아사의 업무 처리가 들쭉날쭉하기 때문입니다. 할 수 없이 브라질 파트너들에게 한국과의 업무처리 프로세스를 좀 표준화하자고 요청했는데, 반응은 냉담하네요. 우리 STX 팬오션뿐만 아니라 STX 조선도 고민이 많은 것 같아요. STX가 이미 리오 데 자네이로주에 조선소를 가지고 있는데 조선소가 너무 작아서 수아피 공단에 새로운 조선소를 지을 예정입니다. 트랜스 페트로로부터 운반선을 수주 받을 수 있기 때문에 판매는 문제가 없어요. 그런데 브라질에 숙련 인력이 없어서 배를 어떻게 만들지 막막할 겁니다.” 하고 지점장이 말을 이어갔다.

"그런데, 왜 브라질 사람들이 한국기업에 매달릴까요?" 누군가 물었다. 아마 한국 기업들이 기술 이전에 가장 적극적으로 대응하고 있기 때문일 것이라고 무역관에서 자신 있게 대답했다. "왜 그렇게 생각하느냐"며 S사 지사장이 물었다. "브라질이 디지털 TV방식을 일본식으로 택했는데 이유가 뭔지 아세요? 브라질이 일본 방식의 디지털 TV방송을 시작하면, 일본에서 브라질에 반도체 공장을 지어주겠다고 약속했기 때문이지요. 그런데 그 약속이 아직도 지켜지지 않고 있어요. 엉뚱하게 한국기업이 지금 반도체 분야 진출을 시도하고 있어요. 하나 마이크론이 3억 달러를 투자하여 반도체 칩 공장을 짓고 있거든요. 하나 마이크론이 브라질 기업인 빠리츠(Parit)와 5:5 합작으로 브라질 남부의 히오그란지 두술주에 HT마이크론을 설립했어요. 첫 시제품은 휴대폰 심(SIM)카드로 월 300만 개 수준의 제품을 생산할 계획이죠. 그리고 현지 법인 운영이 안정되면 반도체 후공정 작업을 담당할 공장을 건설한다고 하네요. 주지사는 하나 마이크론의 투자에 고무되어 있어요. 그래서 2011년 서울을 방문해서 H사와도 투자유치 상담을 한 것이 언론에 보도되기도 했지요. 지난 7월 주지사 초청으로 무역관에서 주정부를 방문했었어요. 주정부 주요 인사들, 경제단체장과 주요기업 인사들을 두루 만나 보았습니다. 모두들 한국기업 유치에 큰 기대를 걸고 있더군요." 무역관의 활동 경험을 설명했다.

전시장을 지나다 고마쯔 등 일본기업관을 지나면서 누군가 말했다. "우리가 지난번에 벨렝에 갔을 때 일본기업이 알루미늄을 생산하고 있던데. 일본 상사는 이미 제2차 세계대전 이전부터 브라질에 농지를 구입하였어요. 깜삐나스 근처에 있는 커피농장 안가보셨어요? 일본 미쯔비시가 투자한 농장이던데…." 하고 D상사 지사장이 말했다. "그런데 우리 기업도 최근에는 브라질 농업 투자에 관심을 보이나 봐요?" S상사 지사장이 말했다. "얼마 전 브라질의 주요 일간지 〈폴랴지 상파울루〉에 보도된 기사를 본 적이 있어요?" 하고 H상사 지사장이 물었다. "예, H상사가 브라질에 농지를 매입할 계획이라는 기사를 본 적이 있어요." K보험 지점장이 대답했다. "브라질 북동부에 1만 헥타르 정도 농지를 매입해서 곡물을 생산할 계획입니다. 우리는 러시아에서 농장을 매입하여 운영하고 있어요. 지난해부터 대두와 옥수수를 생산하여 한국으로 반입하고 있거든요." H상사는 자신 있게 설명했다. "우리나라 한농에서도 농지를 매입하여 농사를 짓고 있다던데, 우리나라 농업분야 투자도 늘어나겠네요?" M증권 법인장이 물었다. "농업분야뿐만 아니라 광산업에 대한 투자도 늘고 있어요." S사 지점장이 말했다. "그러지 않아도 지난달에 EBX사 이사가 우리 무역관을 다녀갔어요. EBX는 우리나라 SK와의 협력사업에 매우 만족하고 있다고 하던데요. 한국기업의 의사결정이 빠르고 정확한 점이 매우 인상적이라고 하더군요." 무역관장이 설명했다. "예, SK네트웍스가 MMX 지분 13.8%를 7억 달러에 구매하였지요." 하고 대답했다. "투자의 성과가 있나요?" D상사 지점장이 물었다. "우리가 지분을 구매한 MMX보유 광구의 매장량이 증가하고 있어요. 연간 생산량도 3,500만 톤에서 4,500만 톤으로 증가하여 수익성이 개선되고 있습니다. 세계경기가 침체되면서 철광석의 단가가 어떻게 움직일지 걱정입니다만…." S상사 지점장이 말을 이어갔다.

"이번 행사는 여러 가지 취재거리를 찾을 수 있어 좋은 기회였어요." 전시장 방문 일정을 마치고 돌아오는 길에 방송사 특파원이 말했다. "그동안 상파울루에 주재하고 있는 지상사를 여러 차례 만날 기회가 있었지만 깊이 있는 이야기를 할 기회가 쉽게 없었거든요. 지상사가 70여 개나 되는데도 대부분 세미나장 같은 곳에서 잠시 만나는 것이 대부분이기 때문이지요. 이번 기회를 통해 브라질 주정부 주요 인사와 경제단체장 그리고 주요 기업들의 생각과 관심분야가 파악되었어요. 한국기업들이 브라질에서 할 일이 많다는 생각이 드네요. 이제 상파울루에 돌아가면 좀 더 편안하게 자주 만나 관심사를 논할 수 있을 것 같아요."

방송사 특파원과의 이야기 속에서 자연스럽게 K-POP에 대한 이야기가 흘러나왔다. "그날은 나도 공연장을 가보고 깜짝 놀랐어요. 오후 2시에 한국 가수가 참가하는 공연이 있다고 해서 12시 정도에 공연장으로 출발했어요. 공연장 입장 티켓을 확보하고 근처에서 점심을 먹으려고. 그런데 빠울리스타 거리에 도착해서 보니 웬 줄이 길게 늘어 서 있었어요. 이게 무슨 줄일까 생각하면서 걸어가다 보니 그 줄이 K-POP공연장으로 늘어선 줄이네요. 그뿐 아니라 반대쪽으로도 같은 길이의 줄이 있어서 어이가 없었어요. 어쨌든 근처 식당에서 점심을 먹으면서 공연시간을 기다렸지요. 오후 2시에 공연이 시작되었는데도 공연장에 들어 갈 수가 없었어요. 공연장 밖의 대로에 2,000여 명이 남아 있었는데 공연이 끝나가는데도 돌아갈 생각을 않았어요. 공연장에 들어갈 수 있도록 해 달라고 아우성을 치고 있어 험악한 분위기였어요. 더욱이 놀라운 것은 한국계 교포나 일본계 등 아시아계 브라질 사람도 가끔씩 보였지만 백인, 흑인계 할 것 없이 많은 사람들이 몰려 있더군요. 브라질에 이런 K-POP 열풍이 일고 있다는 것은 정말 충격적이었어요." K-POP현장에서 느낀 경험을 열심히 설명하는 내 말을 듣고 있던 M방송 법인장이 말문을 열었다. "말도 마세요. 공연을 끝내고 나서 영사관이 있는 건물 앞에서 뒤풀이 공연을 했는데, 그곳까지 인파가 몰려들어 난리를 떨었어요. 나도 한류가 아시아를 넘어 유럽까지 간 줄은 알았지만 이렇게 멀고 문화가 다른 브라질까지 파고 든 줄은 몰랐어요." 2012년에는 상파울루에 있는 한인마을에서 민간단체 주최로 K-POP공연 대회를 했는데, 많은 브라질팀이 출연해서 성황을 이루었다는 언론 보도의 이유를 짐작할 수 있었다. 상파울루 영화제를 할 때 한국영화 상영관의 표가 매진돼서 지상사 직원들이 영화를 보지 못했다는 불평도 생각났다. 한국의 음식문화에 이어 음악 그리고 영화 등 대중문화가 브라질에 뿌리를 내리고 있어 흐뭇한 마음을 감출 수 없다.

우리나라와 극대점에 있는 브라질 사람들도 이제는 한국 상품을 사용하면서 한국 문화를 접하고 살아가는 동류의식을 느낄 수 있는 사람으로 등장하고 있다. 아니나 다를까? 서울에도 이미 브라질식 바비큐 식당인 슈하스카리아가 있는데 양국 간 교류는 더욱 확대될 것 같다.

PART 05

브라질 코스트의 함정

Brazil

자갈밭의 트럭에 의존하는 물류구조

"그래도 다행이지 않아? 이렇게 먼 나라에서 우리 입맛에 맞는 한 국음식을 먹을 수 있는 식당이 있다니?" 상파울루에 도착한 지 일주 일째가 되는 주말에 첫 외출을 하면서 가족들에게 으스대며 한마디 했다. 주중에 이미 직원들과 함께 세 번 정도 차를 타고 가 본 한국 식 당을 찾아 나선 길이다. 벌써 일주일째 지나다닌 길이어서 회사를 지 날 때까지는 자신감 있게 운전을 하고 갔다. 그런데 회사 뒷길인 빠 울리스타 대로를 건너서 좁은 골목길로 들어선 순간부터 헷갈리기 시작했다. 도대체 어느 길로 가야 할지 알 수가 없다. 좁은 골목길이 거미줄처럼 얽혀 있다. 그것도 전부 일방통행이어서 지나온 길을 다 시 돌아갈 수도 없다. 그러다 큰 대로가 나오면 무조건 좌회전 또는 우회전으로 피해갔다. 대로에 잘못 휩쓸려 다른 도시로 흘러가면 큰 일이라는 걱정 때문이다.

길을 물어 보고 싶어도 언어에 문제가 있다. 포어를 제대로 할 줄도 모르는 데다 길거리에 영어를 하는 사람을 찾는 것은 사막에서 바늘을 찾는 것이나 마찬가지다. 지도를 보여주고 보디랭귀지를 구사할 수도 있지만 괜히 어설프게 말을 걸었다가 그 사람이 강도로 돌변할 수도 있다는 걱정 때문에 포기했다. 길거리에 차를 세우고 계속 지도만 뒤적거렸다. 이렇게 반나절동안 골목길을 따라 헤매다 보니 난데없이 회사건물이 나타났다. 안도감에 한숨을 몰아쉬고 차를 회사 차고에 세우고 사무실에 가서 커피 한 잔을 마셨다.

반나절을 허비한 끝에 일단 한국식당은 포기했다. 근처에 있는 이태리식 음식을 하는 식당에 들어갔다. 친절한 미소를 머금은 주인이 반갑게 맞으며 물과 빵 그리고 메뉴를 건넸다. 맛이 어떤지도 잘 모르겠고 음식이름이 그림처럼 정리되어 있어서 다행이라 생각하며 해산물 스파게티 같은 것을 주문했다. "우라지게 비싸구나, 스파게티 한 접시에 80달러나 하다니!" 주문을 하면서 짜증부터 났다. 긴장한 탓에 음식 맛도 느껴지지 않았고 허겁지겁 스파게티를 먹고 일어나서 계산대로 갔다. 남의 속도 모르고 주인이 만면에 미소를 머금고 계산서를 내밀었다. "아니 80달러짜리 스파게티를 먹었는데 왜 100달러야?" 기겁을 하고 따졌다. 물론 식당주인이 영어를 할 리가 만무하다. 둘이서 손짓 발짓 해 가면서 메뉴판을 들고 씨름을 했다.

“무슨 문제가 있나요? 도와드릴까요?” 어색한 분위기를 지켜보던 식당의 손님 중 한 명이 다가와 말을 걸었다. 빠울리스타가 워낙 비즈니스 중심지다 보니 손님들이 브라질에서 가장 국제화된 사람들이고 영어와 외국어를 잘 하는 사람들이 많다. 덕분에 손님의 도움을 받게 된 것이다. “예, 도움이 필요해요. 80달러나 내고 스파게티 한 접시를 먹었는데, 100달러를 내라고 하네요.” 화를 참으며 설명했다. 식당 주인과 잠시 이야기를 하더니 “당신이 꼬베르를 먹었기 때문에 20달러를 추가로 받는다네요.” 하고 알려주었다. “그게 뭐죠?” “물을 주면서 빵을 드렸을 텐데 그걸 먹으면 일인당 10불씩 추가로 내야 해요.” 하고 친절하게 설명해 주었다. “아니, 근데 우리는 빵에 손도 대지 않았는데…. 먹지 않았어요.” 하고 항변했다. 이건 브라질의 관행이에요. “식당에서 꼬베르를 줄 때 먹을 의사가 없으면 먹지 않을 것이라는 의사를 분명하게 표시해야 해요.” “손님이 식탁에 빵을 두면 안 먹었는지, 한 개 정도만 먹었는지 알 수가 없거든요.” 친절하게 설명해 준 덕분에 이해가 되었고 감사하다는 표시와 함께 계산을 하고 식당을 나섰다.

이렇게 하루가 가고 다시 월요일이 되었다. 주차장 같은 도로를 따라 출근길이 반복된다. 차가 없는 심야에는 10분이면 가는 거리가 낮에는 한 시간 이상 걸리는 일이 다반사다. 엄청난 사회적 비용을 부담해야 하는 구조가 황당하다. “이런 교통지옥 때문에 상파울루가 세계에서 자가용 헬리콥터가 가장 많은 도시이다.” 부자들은 교외에 살면서 자가용 헬리콥터를 타고 사무실이 있는 건물로 출퇴근을 한다. 자가용 헬리콥터가 계속 증가하는 이유이다. "이렇게 부자들과 권력 있는 사람들이 교통지옥을 경험하지 않으니 도로가 개선될 여지가 없어요." 대부분의 브라질 사람들이 쏟아 내는 불만이다.

브라질은 워낙 대국이라서 다른 도시로 갈 때 항공기가 주요 이동 수단이다. 그런데 항공편도 이용이 불편하기는 매일반이다. 리오 데 자네이로 조선업계와의 상담회 때문에 출장을 가면서 겪은 황당한 경험은 좋은 사례이다. 언어도 서툴고 낯선 도시인 리오 데 자네이로에 가는 길이라 부담스럽기도 했다. 그리고 워낙 공항으로 가는 길이 혼잡해서 아침 일찍 나섰다. 새벽에 잠에서 깨어 준비를 하고 집 앞에 있는 택시 승차대로 갔다. 브라질은 치안이 좋지 않아 길에 지나다니는 택시를 타면 위험하다. 시에서 지정한 택시 승차대에 대기 중인 택시를 타야 안전하다. 다행히 집 앞에 택시 승차대가 있어 매우 편리했다. 새벽부터 서둘러 출발한 덕분에 여유 있게 공항에 도착했다.

"으악, 이거 뭐야!" 공항에 들어서면서 나는 얼굴이 하얗게 질려서 소리쳤다. "오늘 비행기 탈 수 있을까요?" 공항으로 나를 데려다 주고 짐을 내리고 있는 택시 운전사에게 물었다. 공항의 건물 전체가 사람들로 꽉꽉 들어차서 밖으로 사람이 밀려나올 지경이었다. 우리나라 민방위 훈련 때의 대피소 같았다. 탑승할 항공사의 체크인 데스크에서 늘어선 줄의 끝을 찾는데 20분이 걸렸으니 어이가 없다. 항공사 데스크가 다닥다닥 붙어 있는 데다 너무 많은 사람들이 비집고 들어가다 보니 줄들이 꼬여 있어서 끝을 찾는 것도 진땀을 뺀다.

시간은 자꾸 흘러가는데 구절양장으로 꼬여 있는 줄이 도무지 짧아지지 않았다. 손에 땀을 쥐고 줄을 서서 발을 동동 구르면서 체크인 시간을 기다렸다. 다행히 공항에 3시간이나 일찍 온 덕분에 시간에 맞춰 체크인을 할 수 있었다. '브라질서는 반나절 전에 도착해야 안심하고 비행기를 타겠구나.' 생각하면서 검색대를 통과하여 탑승구 앞에 자리를 잡으니 온몸의 맥이 풀어졌다. 멍한 상태로 의자에 앉아 한동안 물끄러미 창밖을 바라보고 있는데, 갑자기 사람들이 우르르 일어나 어디론가 몰려간다. "아니 이 사람들이 왜 갑자기 딴 곳으로 몰려가지?" 이상한 생각이 들었지만 심신이 지쳐 있는 상태라 계속 멍하게 있었다. 10여 분이 지났을까? 비행기를 탈 시간이 아닌가 싶은 마음에 탑승구를 보니 텅 비어 있는 것이 이상했다. "앗, 큰일날 뻔했네!" 한참을 두리번거리다 비행기 출발과 도착을 안내하는 모니터를 보고 깜짝 놀랐다. 비행기 탑승구가 갑자기 바뀐 것이다. 그때서야 조금 전 사람들이 딴 곳으로 몰려간 이유를 알 수 있었다. "잠시 한눈 팔다가 비행기를 놓칠 뻔했구나." 황당해 하면서 허겁지겁 바뀐 탑승구로 갔더니 벌써 대부분의 승객이 탑승을 마치고 난 뒤였다. "공항에서 비행기를 탈 때는 모니터를 계속 보고 있어야 해요. 시도 때도 없이 탑승구가 바뀌기 때문에 잘못하면 비행기 놓치기 십상입니다." 출장을 떠나기 전 현지직원이 알려준 말이 새삼스럽게 실감났다. 한국, 아시아, 미국과 유럽의 국내선과 국제선의 비행기 여행경력 20년이 넘은 사람도 브라질에서는 하루아침에 바보가 되는 순간이었다.

2014년 브라질 월드컵을 이야기할 때마다 공항시설 부족이 단골 메뉴로 이야기되는 이유를 단번에 실감할 수 있었다. 경제가 성장하고 중산층이 늘어나면서 항공기 이용 승객이 기하급수적으로 늘어나고 있다. 브라질을 찾는 외국인도 빠르게 증가하고 있는데, 공항시설은 전혀 개선되지 않고 있다. 심각하게 혼잡한 것은 당연한 현상이라 생각한다.

"관장님, 오늘 상파울루 과룰로스공항을 같이 가 보실래요? 공항 터미널 확장 공사를 하는 기업이 발표 되었대요. 한국기업이 참여할 수 있는 여지가 있는지 알아보기 위해 건설업체와 상담 일정을 잡았어요." 이 차장의 설명을 듣고 같이 공항으로 쫓아갔다. 남미 최대 공항이라는 과룰로스공항이 도저히 승객 수요를 감당하지 못해 여객 터미널을 확장하는 프로젝트다. 그런데 공항에 도착해서도 이해가 가지 않았다. 터미널을 신축할 부지도 보이지 않고 어떻게 확장을 한다는 거지? "저기 보이는 화물 터미널 쪽이랍니다." 건설사와 한참 통화를 하던 이 차장이 화물 터미널 쪽을 가리켰다. 차를 몰고 가서 보니 이유를 짐작할 수 있었다. 화물터미널을 승객 터미널로 개조하기 위한 공사가 시작된 것이다. "야, 이렇게 해서 승객 수용능력이 얼마나 늘어날까?" 정말 한심하다는 생각이 들었다. 이건 정말 땜질식 확장인데 하는 생각이 앞섰다.

"브라질 정부가 공항 민영화를 서둘러야 해요. 브라질 정부에서 40억 달러를 투입해서 월드컵이 열리는 12개 도시를 포함하여 16개 공항 확장 공사를 한다고 수차례 계획을 밝혔어요. 그러나 정부의 예산 편성과 입찰절차가 복잡해서 현실성이 없어요. 내 생각에는 2014년 월드컵이 아니라 2016년 올림픽이 끝날 때까지 공사를 시작도 못할 겁니다." SOC전문 변호사들이 흥분해서 외치던 말이 생각났다. 문제는 이러한 공항시설뿐만이 아니다. "브라질이 아무리 자원의 보고이라도 이런 물류 환경에서는 절대 경제가 발달 할 수 없어요." 브라질의 전문가들은 항상 심각한 SOC부족 문제를 지적하고 있다. 브라질의 철도 환경을 생각하면 이런 우려가 과장은 아니라고 생각된다. 미국은 대륙횡단 철도가 잘 정비되어 있고, 중동부는 시카고를 중심으로 거미줄처럼 철도망이 발달해 있다. 철도망의 길이가 19만 7,000킬로미터에 달한다. 러시아만 해도 8만 5,000킬로미터다. 그런데 브라질은 3만 킬로미터에도 미치지 못한다. 그나마 브라질의 철도는 발레 등 광물개발회사들 소유이다. 채광한 광물을 항구로 실어내기 위해 운영하고 있는 것이다. 더욱이 철도의 규격도 3가지여서 철도 간 호환성이 극히 제한적이다. 상황이 이렇다 보니 철도의 수송 분담률은 겨우 20.7%다. 정말 철도의 황무지라고 할 수 있다.

철도망이 부족해서 농산물 수송에도 트럭을 이용하고 있다. 브라질 내륙의 주요 콩 산지인 마또그로스 두술에서 항구까지 콩 1톤을 운송하는 데 드는 비용이 103달러라고 한다. 콩을 포함한 브라질 농산물의 70% 이상을 트럭으로 운송하기 때문이다. 더욱 심각한 것은 트럭들이 달리는 도로들의 상태가 엉망이다. 브라질의 도로는 주요 고속도로와 대도시 인근의 주요 국도를 제외하고는 아직도 비포장 도로가 대부분이다. 브라질에 있는 175만 킬로미터의 도로망 중 겨우 19만 킬로미터만이 포장도로로 나타나고 있다. 오죽했으면 브라질에서 가장 품귀현상을 빚는 제품이 타이어라는 말이 있을까? 움푹 패인 도로가 많아 타이어가 파열되는 경우가 많기 때문이다. 철도나 바지선을 주로 이용하는 미국 농산물의 경우 산지에서 항구까지 운송비가 22달러 수준이고 같은 남미의 아르헨티나는 17달러다. 어떻게 브라질산 농산물이 국제시장에서 경쟁할 수 있을까?

이러한 환경을 개선하기 위해 브라질은 철도망 확대에 높은 관심을 가지고 있다. 특히 브라질 고속철 사업은 우리나라에도 널리 알려져 있다. 한국 기업이 브라질 고속철 사업에 참여하려고 노력하고 있기 때문이다. 그러나 브라질의 고속철 사업이 현실성이 있는지 의문이다. 무엇보다 브라질에는 사람을 수송하는 장거리 철도 서비스가 없기 때문이다. 한때 상파울루와 리오 데 자네이로 간을 운행하는 여객철도 서비스가 있었다고 한다. 그러나 잦은 강도사건 등으로 승객이 탑승을 기피하면서 수익성이 떨어져 폐쇄한 상태다. 철도의 승객 운송은 상파울루와 인근도시를 연결하는 근교 도시 간 철도가 절대적인 비중을 차지하고 있다.

그래서 고속철을 건설하면 사람들에게 철도의 이점을 인식시키는

데도 시간이 필요할 것이다. 그리고 고속철도 건설방식에도 문제가 있다. 적은 예산으로 지나치게 큰 그림을 그리고 있기 때문이다. 브라질 정부는 건설업계와 고속철관련 기업의 반대에도 불구하고 이미 고속철 건설 사업자 선정을 위한 입찰을 몇 차례 실시하였다. 물론 결과는 실패였다. 비합리적 예산 규모 편성과 건설계획 때문에 모두 무산된 것이다. 브라질 정부는 다시 건설계획과 입찰 방식을 구상 중에 있지만 어떻게 진행될지 지켜볼 일이다.

브라질은 중국처럼 긴 해안선을 따라 도시가 발달해 있다. 분명히 도시 간 이동에도 해상운송을 할 수 있는 유리한 조건을 가지고 있다. 그런데도 해상운송체계마저 발달하지 못했다. 선박을 이용한 물류 비율이 13.6%에 불과하다. 아마존강 깊이 위치한 마나우스가 운송수단을 선박에 의지하고 있는 수준이다. 이유는 선박이 부족하고 항만관련 시설이 발달해 있지 못하기 때문이다. 결국 브라질에서의 운송은 도로망에 의존하고 있다. 승객운송의 95%, 화물운송의 60% 이상이 도로망에 의존하고 있다. 이렇게 열악한 인프라 환경을 뒤집어 생각하면 오히려 외국기업에게 매력적인지 모른다. 인프라 개선을 위한 엄청난 투자 잠재력을 가지고 있기 때문이다.

사정이 이렇다 보니 브라질에 투자한 우리기업들이 물류 때문에 어려움을 겪는 경우가 많다. 세제혜택 때문에 마나우스에 공장을 지었는데, 상파울루로 운송하는 비용 부담이 너무 크기 때문에 고생하는 기업이 대표적이다. 삼성과 LG 등도 예외가 아니다. "마나우스 공장에서 제품을 생산하여 컨테이너에 집어넣은 다음 바지선을 이용해서 벨렝까지 가지고 오지요. 그리고 벨렝에서 트럭으로 환적을 합니다. 벨렝에서 상파울루까지 1,700킬로미터의 거리를 트럭으로 운송해요. 마나우스에서 바지선 기다리고, 벨렝에서 환적하고 트럭으로 달리다 보니 마나우스 공장에서 상파울루 매장까지 2주 정도 걸리지요." 삼성전자가 마나우스 공장을 세울 때 참여했다는 개인 사업가가 들려주는 이야기다. "이게 브라질 물류비용의 한계가 아닌가 생각돼요. 부산항을 떠난 컨테이너선이 태평양을 횡단하는데도 10여 일이면 되는데. 한번 비교해 보세요. 그나마 트럭들이 달리는 길이 나빠요. 곳곳에 길이 패이고 웅덩이 같은 것이 있고 덜컹거리다 보니 트럭으로 나르는 제품의 파손율이 너무 높아요."

사정이 이렇다 보니 브라질로 수출을 하는 국내 기업들도 애로 사항이 많을 것이다. 파나마 운하를 거쳐 오든 유럽으로 돌아 오든 미주와 유럽의 기항지를 거쳐서 지구의 반대편까지 오면 해상 운송에 한 달이 걸린다. 브라질 특유의 복잡한 통관절차 때문에 수입품이 통관해서 들어오는 데 다시 한 달은 걸릴 것이다. 그리고 물건이 제때 통관하지 못하는 경우도 허다하다. 창고료도 비싸다. 월 보세창고 이용료가 수입품 CIF가격의 1.3% 수준이다. 운이 좋다면 보세창고를 보유한 물류회사를 이용해서 0.6% 수준까지 낮출 수도 있다. 이러한 물류 가격의 변동이 브라질에서는 또 하나의 큰 리스크가 되고 있다.

그리고 브라질로 화물을 반입하기 위해서는 반드시 화물 수취인이 지정되어 있어야 한다. 그래서 브라질 수입업자의 주문을 미리 받은 경우가 아니면 통관을 위해서는 수입대행사를 지정해야 한다. 이런 어려움 때문에 일부 우리나라 수출업체는 브라질 수출 시 전형적인 수입대행업체를 이용한다. COTIA TRADING 등이 한국기업을 대상으로 활발히 영업을 하고 있는 기업이다. 그런데 이런 회사들은 수수료가 매우 비싸다. 수입, 통관 및 보관주선료가 CIF가격의 15% 수준이어서 국내업계가 황당해하고 있다. 이러한 브라질의 물류환경을 이해하지 못하고 비즈니스 계획을 세운다면 어떤 결과에 직면할지 상상하는 것은 어렵지 않을 것이다.

누구도 예측할 수 없는
노동문제

"아, 예! 안녕하세요?" "반갑습니다." 상파울루를 찾아 온 방문 인사와 반갑게 인사를 나누었다. "날씨가 참 좋아요. 숲이 우거져 있고. 고층 건물이 즐비 하는 유럽이나 미국의 어떤 도시보다 큰 도시로 생각되네요. 교통이 복잡한 것은 서울보다 더 한 것 같아요. 그런데 활기찬 젊은 사람들이 많아서 역동감이 있습니다." 대부분 브라질을 처음 방문하는 인사들이 말하는 첫인상이다. "예, 상파울루는 광역권으로 생각하면 인구가 2,000만 수준이니 미국에서는 뉴욕이나 LA 정도가 비슷한 규모일 겁니다." 하고 설명한다. "치안이 좀 불안하다는 말을 들었는데 어떤가요?" 항상 빠지지 않고 묻는 질문이 이어진다. "여행자 티를 내지 않으면 돼요. 청바지 같은 간편 차림으로 다니시면 됩니다. 귀중품은 절대 가지고 다니지 마세요. 지나치게 깔끔한 옷차림이나 비싼 시계 같은 장식품을 눈에 띄게 가지고 다니는 것은 절대 금물입니다." 여기까지가 대개 대부분 방문객과 공식적으로 주고받는 말들이다.

조금 더 호기심 있는 방문 인사들의 질문은 이어진다. "근데 길거리에 흑인같이 생긴 사람들이 많네요? 브라질 사람들은 어때요?" 하고 호기심이 사람들로 옮겨간다. "대부분 브라질 사람들이 착해요. 길을 가다가 물어본다든지 하면 친절하게 잘 설명을 해 주거든요." 브라질 사람에 대한 이 정도의 평가에는 대부분 동의할 것이다. "내가 살고 있는 집 주인은 정말 좋은 사람이에요. 한 달에 한 번씩 집세를 받으러 오는데 같이 포도주를 한 잔씩 하기도 하지요." 주재원들 모임 때 들었던 S상사 주재원의 설명이 생각난다. "그러나 브라질 사람은 절대 속단하지 마세요." 하고 K은행 지점장이 반론을 제기한다. "지난번에 상파울루에서 근무할 때 우리 집 주인이 평상시에는 정말 호인이었어요. 근데 막상 떠날 때가 되니 완전히 딴사람이 되더군요. 집을 깨끗하게 관리해서 아무 이상도 없는데 온갖 트집을 잡아서 수리비로 2,000달러를 달라고 하더군요. 결국은 싸우다가 1,000달러로 합의를 보았거든요. 개인적인 이해관계가 없을 때는 친절하다가 이해관계가 생기는 순간 돌변하는 사람이 너무 많아요." 브라질 인구가 2억에 달하니 별 사람이 많다. 각자 경험에 비추어 말하는 브라질 사람들의 모습에 차이가 있을 것이다.

개개인의 특성에 대한 평가는 다양하지만 브라질 사람들의 근로 형태에 대해서는 거의 의견이 일치한다. 결론부터 말하면 브라질 사람과 같이 일하는 것이 만만치 않다는 것이다. 브라질의 기업인들과 이야기를 해 보아도 우수한 인력을 발굴해서 채용하는 것이 비즈니스의 승패를 가른다고 입을 모은다. 우리 무역관 직원이나 직접 겪어 본 사람을 기준으로 보아도 직원들의 업무자세가 극명하게 갈린다. 어떤 사람은 정말 성실하고 열심히 일을 하지만, 어떤 사람들은 눈치만 보면서 딴 짓을 하는 것이 일상사다. "브라질 근로자 15%만이 능동적으로 일해" 브라질 언론에 등장하는 기사들이다. 브라질 언론기관의 설문조사 결과를 보도한 내용이다. 설문조사에서 15%의 노동자는 능동적으로 일하고, 69%는 업무관련 규정을 준수하려고 노력하지만, 16%는 별로 일에 흥미를 느끼지 못한다고 응답한 것으로 나타났다. 산업이 가장 발달한 상파울루와 인근 동남부에 있는 노동자들이 보여주는 업무자세가 이렇다. 산업이 발달하지 못한 동북부 지역은 더욱 심각할 것이다. 노동자의 근로의욕이 이렇게 낮은 것은 다른 조사결과를 보아도 비슷하다. 브라질 응용경제연구소의 조사에 따르면 15~18세의 브라질 청소년들은 71.4%가 1년에 한 번씩 직장을 옮기는 것으로 나타났다. 급여수준이 낮다는 생각, 경영자의 관리방식에 대한 불만이 이직의 주요 원인으로 나타나고 있다. 어쨌든 어느 직장에서도 특정 업무에 집중하는 노력이 부족한 결과라고 생각된다.

　브라질의 노동법은 지나치게 노동자 보호적 요소가 많다는 것이 브라질 비즈니스 업계의 여론이기도 하다. 물론 노조활동이 활성화되어 있는 것은 당연하다. 강력한 노조가 결성되어 있으며 지역별 산업별 노조형태로 운영되고 있다. 노조의 힘이 어느 정도인지는 금속 노조위원장 출신인 룰라 대통령을 보아도 알 수 있을 것이다. 심지어 공무원과 공공부문에도 노조활동이 보장되어 있다. 그래서 우체국을 비롯한 은행 등이 파업을 하는 일도 다반사다. 2011년 가을에는 은행과 우체국이 비슷한 시기에 파업에 들어가서 공과금을 정시에 납부할 수 없는 혼란이 발생하기도 했다.

　노동법의 비호를 받는 노동자들의 파워 때문에 브라질의 기업인들과 관리자들이 겪는 어려움은 막심하다. 브라질에 근무하는 우리나라 주재원들의 공통적인 애로사항이 바로 인력관리부문임은 분명하다. "본사에서는 쪼아대고, 현지에서 직원들은 움직이지 않으니 죽을 지경입니다." 지상사원들이 만날 때면 한 목소리로 하는 이야기다. "오죽했으면 NWH라는 말이 유행이겠습니까?" 본사에서 쪼아대는 담당자에게 H상사 지사장이 "니(N)가 와(W)서 해(H)봐라"라고 했다는 말에서 유래된 것이다. 내가 상파울루에 도착했을 때 D상사 지사장이 들려준 재미있는 이야기다.

　브라질도 이제 1인당 국민소득이 1만 달러를 돌파했다. 더욱이 브라질 경제의 중심지인 상파울루주는 이미 1인당 GDP가 1만 5,000 달러를 돌파한 지 오래다. 그러다보니 집안 일이 힘든 주재원들은 파트타임으로 현지 인력을 사용하는 수준이다. 이들도 많은 일화를 남기고 있다. "지금은 한국으로 돌아간 주재원의 유명한 일화가 있습니다. 일주에 3일씩 집으로 와서 청소를 해주는 사람을 고용했었나 봐요. 주재하는 기간 동안 열심히 일을 해주어서 고맙기도 하고, 헤어질 때가 얼마 안 남았다는 생각에 연말 선물을 사주는 셈 치고 500달러를 주었대요. 그리고 며칠 뒤 변호사 편지를 받았답니다. 3년 동안 같은 조건에서 일을 했는데 첫해와 두 번째 해에는 500달러를 안 주고 마지막 해에만 주었기 때문에 첫해와 두 번째 해분 500달러를 주어야 한다는 주장입니다. '미납분 1,000달러를 주면 않으면 노동법원에 고발하겠다'는 내용이라더군요. 그래서 브라질에서는 절대 감성적으로 잘해주면 안된다고 해요." 귀국을 앞둔 K은행 주재원이 들려주는 이야기다. 정말 한국하고는 다른 문화적 특성이 느껴지는 대목이다.

상파울루에서 지상사원들을 만날 때마다 항상 의견을 교환하는 것이 현지직원의 효율적인 관리 노하우이다. "우리 회사에 정말 일을 안 하는 직원이 있어 고민입니다. 그런데 직원을 해고를 하면 반드시 소송한다니 걱정이에요. 이런 때는 어떻게 대처해야 하지요?" 대부분 이런 불만들을 쏟아낸다. 우리나라에서도 인력관리가 쉬운 일은 분명히 아니다. 그리고 노동소송도 점차 증가하고 있다. 그러나 브라질과는 결정적인 차이점이 있다. 브라질에서는 일하던 직원이 자진해서 퇴사를 해도 걱정이다. 멀쩡하게 본인이 딴 일을 한다고 그만두고는 회사를 상대로 소송을 하는 것이 다반사기 때문이다. 매일 칼퇴근한 주제에 야간 특근비를 주지 않았다는 둥, 휴가를 신나게 갔다 온 주제에 법정 휴가를 다 못 갔다는 핑계도 많다. 일단 소송이 붙으면 소송을 제기한 직원의 주장이 근거가 없다는 것을 회사가 입증해야 하는 책임을 부담하게 된다. 웬만큼 꼼꼼하게 인사관리를 하지 않으면 소송에서 이기기 힘들다. 직원을 고용하는 것도 어렵고 해고하는 것도 어렵다. 그러다 보니 브라질에서는 무조건 사람을 적게 쓰는 비즈니스 모델을 찾는 것이 상책이다.

일차적인 문제는 지나치게 노동자 보호적인 노동법 체계라고 생각된다. 그러나 천연자원이 풍부하고 어떻게 해도 밥은 굶지 않는 브라질의 사회 분위기도 크게 한 몫 하였음에 틀림없다. 대충 일해도 먹거리가 널려 있는데 누가 스트레스 받으며 죽기 살기로 일을 하려고 노력하겠는가? 자연스레 먹고 마시는 음식문화와 노래, 춤 등 놀자 문화가 발달했을 것이다. 이제는 놀이문화가 삼바축제 등으로 체계화 되면서 새로운 수입원이 되고 있다. 이러니 먹고 노는 문화가 더욱 고착될 수밖에 없다. 이런 분위기 때문인지 대부분 브라질 사람들은 아무 생각 없이 항상 하던 습관이나 방식대로 일을 한다.

브라질의 느긋한 근무 환경과 '빨리빨리'를 중시하는 한국의 일 문화는 근본적으로 양립할 수 없는 구조다. 당연히 우리나라 사람들이 볼 때는 매우 불편하게 느껴진다. 그래서 브라질을 찾는 여행객들에게도 항상 모든 일정을 여유 있게 잡고 느긋한 마음으로 여행을 하라고 권한다. "여기는 브라질이야!" 브라질 사람들이 느리다고 한국 사람이 불만을 제기하면, 브라질 사람들이 어김없이 내뱉는 말이다. 브라질에서 브라질식으로 하겠다는데 무슨 말을 하겠는가? 브라질 방식을 경험하는 것이 유쾌하지는 않겠지만 새로운 문화를 체험한다는 측면에서 의미를 찾을 수 있을 것이다.

상파울루의 상사원들 중 현지 사람들의 느리고 성의 없는 행동에 열불을 내는 사람은 대부분 부임한지 1년 미만의 사람들이다. 일반적으로 사람들은 시간이 지나면 현지 분위기에 익숙해지기 때문이다. 식당, 주차장과 관공서 어디서나 사람들이 하던 관행대로 똑같이 일하기 때문에 익숙해지지 않을 수 없다. 심지어 햄버거를 먹을 때도 예외가 아니다. 출장을 가는 길에 점심시간 절약을 위해 햄버거 가게에 들렀다. 먼저 음료수를 주문했다. 한 컵에는 얼음을 넣고 다른 한 컵에는 얼음을 넣지 말라고 주문했다. 표정 없이 고개만 끄덕하고 가는 웨이터가 왠지 미덥지 못하다. 그래서 가는 웨이터를 다시 불렀다. "한 컵의 콜라에는 얼음을 넣으면 안돼요." 웨이터는 고개를 또한 번 끄덕이고 사라졌다. 잠시 후 웨이터가 들고 오는 2컵의 콜라에는 모두 얼음이 둥둥 떠다닌다. 주문을 받고 콜라를 가지러 가는 2분만에 얼음을 넣지 말라는 주문을 잊어버린 것일까? 아니면 처음 들을 때부터 기억할 의사가 없었던 것일까? 그뿐이랴, 친구들과 레크리에이션 센터에 갔다. 적당한 점심메뉴가 없어 컵라면을 주문했다. 무려 30분을 기다려도 소식이 없다. 종업원을 불러서 라면이 나오지 않고 있다고 설명했다. 무표정하게 고개만 끄덕이고 사라졌다. 다시 20분을 기다리고 나서 컵라면이 나왔다. 그런데 내가 받은 컵라면의 뚜껑을 열어보니 설렁탕 같이 흰색이다. 다른 사람들이 사골탕면 시켰느냐고 놀렸다. "여기 보세요." 웨이터를 불렀다. 그리고 좀 이상하지 않느냐고 물었다. "아, 내가 스프를 넣지 않아서 그래요. 스프 가져다줄게요." 아무렇지도 않은 듯이 대답하고 가더니 스프를 한 봉지 가져 왔다. 이런 사람들에게 월급을 주고 일을 시키는 브라질 기업들의 경쟁력이 어떨까?

그런데 더 심한 이야기도 많다. "나는 인터넷 주문을 했다가 죽는 줄 알았어요." S상사 직원의 설명이다. "가구를 주문하면 한 달 뒤에 배달이 된다고 했어요. 가구를 주문했는데 한 달이 지나도 배달이 안 되고, 두 달이 지나도 배달이 되지 않아 강하게 항의를 했어요. 그런데 인터넷 판매회사 직원의 말이 걸작입니다." "원인을 알 수 없지만 그때 받은 주문이 어떻게 처리되고 있는지 추적이 불가능하대요. 그러면서 주문을 취소하고 다시 주문을 하면 어떻겠냐고 물어요. 옛날의 주문서를 찾아서 배달이 안 되는 원인을 찾는 것보다 새로 주문하면 물건을 더 빨리 받을 수 있다는 설명이지요. 그러면 주문 취소 수수료가 발생할 텐데 하고 물었지요. 당연히 발생하는데 그 정도 부담은 구매자가 각오해야 하지 않겠냐고 설명을 해요." 정말 황당한 사람들이라고 열을 올렸다.

기본적으로 브라질 노동력의 생산성이 떨어지는 것은 노동자들의 개인적인 노력 부족이 가장 큰 원인일 것이다. 그러나 교육수준이 낮은 것도 중요한 요인 중 하나로 생각된다. 2010년 브라질 센서스 조사에 따르면 15세 이상 전체 인구의 9.6%가 문맹으로 글을 읽지도 쓰지도 못하는 사람들이며, 60세 이상 인구의 경우 26.6%가 문맹이다. OECD분석에 따르면 브라질 초등학교 졸업에 있는 학생들의 50%가 독해능력이 상당히 낮은 수준이라고 평가했다. 왜 이렇게 교육 수준이 낮을까? 2000년을 기준으로 보면 브라질의 교육비 지출은 GDP 대비 3.5% 수준에 불과했다. 2008년에는 5.3%까지 증가했지만 아직도 OECD국가 대비 매우 낮은 수준이다. 브라질에서는 비싼 교육비 때문에 중·고등학생들까지도 45% 이상이 경제 사정으로 주어진 교육 기간 내 졸업을 하지 못하고 있는 실정이다.

그나마 초·중등 교육에 비해 고등 교육에 대한 투자에는 관대한 편이다. 정부에서 대학교육에 많은 예산을 배정하고 있기 때문이다. USP(Universidade de São Paulo) 등 주요 국립대학교육을 무상으로 받을 수 있다. 브라질 최고의 대학에서 무상으로 교육을 받을 수 있으니 선망의 대상이 되고 입학이 매우 어려운 것은 당연한 현상이다. 그런데 이러한 대학중심 교육구조가 브라질 교육을 왜곡시킨다는 비판이 많다. 일반국민들은 열악한 초·중등 교육으로 인해 학업능력이 떨어져서 국립대학 진학이 어렵다. 이에 비해 부유층의 자제들은 우수한 사립교육을 받아 학업능력이 높아 쉽게 국립대로 진학한다. 결론은 국가의 교육보조금이 부유한 자제들에게 집중되는 현상으로 이어지는 것이다.

그러나 문제는 이처럼 브라질 정부의 집중적인 지원을 받는 대학들마저 국제적인 수준에서 보면 평가가 매우 저조하다. 브라질 언론에서도 이런 문제점을 종종 지적한다. 영국 QS World 조사결과 브라질 최고 명문대학인 USP의 순위가 169위를 차지하였다고 보도했다. 영국 〈Times〉 평가에서도 USP는 100위권 밖으로 밀려나 브라질 사람들을 실망시켰다. 사정이 이렇다보니 국제 경쟁력을 지닌 고급 두뇌의 확보가 시급하다고 생각하는 지우마 대통령은 대규모 인재양성 프로그램을 발표하였다. 정부와 민간이 협력하여 10만 명의 유학생을 선발하고 세계 150위권 대학의 학부와 연구과정에 유학생을 보내는 프로그램이다.

"브라질 사람들은 부자가 되고 싶거나, 출세하고 싶은 욕망이 없을까?" 교육수준을 보아도 낮은 수준에 머물러 있고 쉽게 개선될 조짐을 보이지 않는다. 물론 정부의 지원이 부족하다고 하지만, 우리나라는 사교육비를 부담해서라도 각자가 노력을 기울이고 있다. "왜 열정적으로 일하는 데 관심이 없을까?" 브라질 최고 명문대학인 USP 출신 변호사에게 물어 보았다. "아마도 식민지 시대를 거치면서 빈부격차가 크고 부의 대물림이 고착된 현실이 큰 영향을 미친 결과가 아닐까?" 하고 분석했다. 빈부 격차가 고착된 구조에서는 교육 수준을 높이고 일을 좀 더 열심히 하는 것으로 신분 상승을 꽤하는 것이 어렵기 때문이다. 그러나 다른 측면에서 해석을 하기도 한다. "열심히 일하는 사람도 있지만 일과는 다른 방법으로 출세길을 찾는 사람이 더 많죠. 여자 같으면 얼굴 예쁘게 잘 다듬고 나이트클럽 다니면서 부자 남자친구를 찾아요. 그래서 브라질에는 성형 수술과 치아교정 등 미용관련 산업이 매우 발달해 있어요. 남자들은 축구 열심히 해서 유명한 클럽으로 들어가야 부자가 될 수 있죠. 호나우지뉴 등이 대부분 그런 사람들이에요." 농담처럼 들리기도 하지만, 어쩌면 브라질 사람들의 생각을 적나라하게 잘 설명하는 말인지도 모른다.

전체적으로 보면 브라질에 투자한 우리 기업은 현지에서 많은 존경을 받고 있다. 한국기업이 브라질 사람을 고용하고 기술을 전수해 주고 있기 때문이다. 2011년 삼성전자는 마나우스 자유무역지대 관리청으로부터 일자리 창출 상을 받았다. 마나우스 산업단지에서 15년 이상 공장을 가동하면서 지역경제성장에 기여하였기 때문에 받은 상이다. LG전자도 브라질의 국민브랜드로 대접받고 있다. 룰라 전 대통령이 퇴임 후 LG에서 첫 강연을 한 것도 결코 우연이 아니다. LG가 브라질에서 대중적으로 좋은 이미지를 가지고 있기 때문에 가능했던 일이다.

그러나 브라질에서 비즈니스 경험이 풍부한 이런 기업들도 노동관련 문제를 가장 어려워하고 있다. 한국 기업들이 자주 모여 세미나도 하고 브라질 변호사와 인터뷰도 하는 등 많은 노력을 한다. 그러나 이런 노력에도 불구하고 항상 시원한 해법을 찾을 수 없다는 점이 우리를 당황하게 한다. 브라질 투자관심 한국기업들과 브라질 굴지의 법무법인 D사가 함께한 세미나 내용을 보면 누구라도 황당한 느낌을 받을 수밖에 없을 것이다.

"브라질에 오신 것을 환영합니다. 우리는 한국기업들이 브라질에 공장을 세우고 비즈니스를 확대하는 것을 매우 감사하게 생각하고 적극 도와 드리겠습니다." D사의 대표 변호사 인사말로 행사가 시작됐다. "잠시 후 우리 법인의 노동전문 변호사가 여러분들을 위해 인사관리 노하우에 대해 설명을 드릴 것입니다." 대표 변호사 소개에 이어 일본계인 비우마 변호사가 나타났다. "저는 한국기업과 많은 일을 해보았기 때문에 한국을 잘 이해하고 있어요. 우선 한국기업인들에게 드리고 싶은 말씀은 양국 비즈니스 환경의 차이를 이해해야 한다는 점입니다. 한국과 브라질은 노동 환경 그리고 노동법이 크게 다릅니다." 노동 변호사가 노동 관련 문화적 차이부터 설명하기 시작했다. "2010년에 한국 L전자가 노동자의 인권을 무시한 일이 언론에 보도된 사례를 알고 있지요? 2011년에는 한국 S전자가 노동자 학대 혐의로 조사를 받았어요. 회사의 생산량 독려 때문에 팔이 마비되었다고 노동자가 노동당국에 고발했기 때문입니다." 우리나라 투자기업들이 노동자 인권을 무시한다고 보도한 브라질 언론의 기사들을 먼저 상기시켰다. 우리나라의 해당 기업들은 왜곡된 내용을 보도하고 있다며 불만을 표시했던 언론의 보도 내용들이다. 그럼에도 비우마 변호사가 이러한 보도 건을 들고 나왔다. "이 사건은 한국의 관리자들이 브라질의 문화를 잘 이해하지 못해서 생긴 문제라 생각합니다. 브라질에서는 일을 잘하든 못하든 모든 직원들을 항상 편하게 친구처럼 대해주는 것이 일반적이죠. 그런데 한국의 관리자들은 차별적으로 대하는 경향이 있어요. 우수한 직원은 편안하게 대해주면서 어떤 직원들에게는 쌀쌀하게 대하는 형태를 말합니다. 업무능력의 차이를 가지고 사람을 다르게 대하면 직원들의 불만을 사게 되고, 노사 간 갈등을 일으키는 원인이 되는 것입니다." 비우마 변호사는 직원의 인권 존중이 업적 달성보다 중요하다는 점을 강조했다.

 "요약해서 말씀 드리면 노동자들의 인권을 충분히 존중해주어야 하는데, 한국기업들의 노력이 부족해요." 변호사는 훈계하듯 말을 이어갔다. "하루 8시간 일을 하는데 2시간 이상 초과근무를 하면 안 됩니다. 직원들이 매년 30일간 휴가를 갈 수 있도록 반드시 여건을 마련해주어야 합니다. 그리고 원칙적으로 휴가는 한꺼번에 보내야지 며칠씩 여러 번에 걸쳐 보내는 것이 아닙니다. 생산 라인의 관리자가 직원들을 불러서 직접 혼을 내시면 안 됩니다. 직원을 째려보거나 비웃는 표정 또는 다른 직원과 비교해서 무능함을 설명하는 방식은 용납되지 않아요. 직원의 인권 존중을 가장 먼저 생각해 주셔야 해요. 직원이 일을 하지 않아 심각하다고 생각되면 인사관리 부서에 통보해서 행정 조치를 밟게 하세요. 직원의 능력이 부족하다는 것만으로는 해고 사유가 될 수 없습니다. 직원들을 회사에서 해고를 했을 경우뿐만 아니라, 자진해서 퇴사를 한 경우에도 근무기간 중 부당한 대우가 있었다면 언제든지 노동법원에 제소를 할 수 있으니 명심하세요. 그리고 급여는 최소한 물가 상승률만큼은 올려주어야 하고, 산별 노조와의 협상결과에 따라 결정되는 임금 인상률은 지켜야 합니다."

"우라질, 우리 보고 브라질에 오지 말라는 이야기 아냐? 이런 환경에서 누가 브라질에 공장을 세우겠어? 브라질 직원들 모시고 살러오는 꼴밖에 더 되겠느냐고?" 세미나가 끝나고 나서 참석한 사람들의 불만이 쏟아지기 시작했다.

그러나 이런 분위기가 엄연한 브라질 노동시장의 현실이다. 그렇다고 모든 브라질 기업들이 이러한 노동법을 완벽하게 지키면서 비즈니스를 한다고 믿는 사람은 많지 않다. 결국은 현지의 법을 지키기 위한 노력은 하되 노조지도자, 노동변호사와 노동법원 그리고 정치권 인사 등과 긴밀한 관계를 통해 탄력적으로 관리하는 노하우가 핵심이다. 그러니 브라질 사정에 정통하지 않은 외국 투자기업의 관리자가 독단적인 판단으로 기업을 운영하다 보면 어려움에 봉착할 가능성이 그만큼 높아지는 것이다.

"우리 회사에 일본사람이 많다고 느끼시지요?" 중소기업이면서도 비즈니스를 모범적으로 운영하고 계속 성장하는 U사 사장이 본사 사무실을 돌아본 후 건넨 말이다. "우선 성실하고 착한 노동자를 찾는 것이 중요해요. 아무래도 일을 해 보니 일본계 노동자들이 사고도 우리나라와 비슷해서 좋아요. 그리고 비록 2세들이라도 일본 부모들로부터 배운 것이 있어 터무니없는 주장은 하지 않는 편이지요. 그리고 일본계 친구들도 많고 하다 보니 자연스레 일본계 직원이 많아졌어요. 그리고 일본계가 1,000만 명에 달해서 노동력 공급도 비교적 풍부한 편이지요." 브라질과 같이 어려운 노동시장에 대처할 수 있는 좋은 사례라고 생각되었다. "그러나 방심은 금물입니다. 브라질에서 노동문제는 절대 소홀히 생각할 수 없기 때문에 저는 항상 노동계 인사와 교류를 넓히고 변호사들의 도움을 받고 있어요." 방문을 마칠 때 마지막으로 들려준 U사 사장의 충고다.

브라질 코스트를 유발하는 복잡한 행정구조

2012년 우리나라의 경제단체에서 브라질로 가는 시장개척단을 모집하였다. 브라질로 가기 전 여러 가지 준비사항을 논의하기 위해 브라질에 대한 전문가들이 몇 명 모였다. 브라질 시장의 특성 그리고 브라질에서의 비즈니스 노하우 등에 대한 논의가 이어졌다. 그리고 행사가 끝나는 말미에 시장개척을 위해 떠나는 기업이 불쑥 질문을 했다. "상담을 위해 샘플을 가지고 가야 되는데, 통관에 문제가 있을까요?" 의외의 질문에 브라질 시장을 잘 안다는 전문가들 누구도 나서지 않았다. 비록 여행자라 하더라도 브라질에서의 관세선 통과는 그날의 운세에 달려있기 때문이다. 여행객들의 수하물을 검사해서 높은 세금을 부과하거나, 세금을 내지 않으면 압수하는 사례도 빈번

282

하게 발생하고 있다. "지난주 어떤 지사장이 한국 출장을 다녀오면서 음식을 좀 가지고 오다가 세관에 압수를 당했대." "우리 투자기업에서 공장 가동에 문제가 생겨 한국에서 기술자들이 왔는데 가져온 기기를 통관하는 데 어려움이 있었다던데…." 상사들에서 간간히 들려오는 걱정스러운 목소리들이다. 우리 기업들이 충분하게 현지법을 준수하지 못한 면이 있을 수도 있지만, 지나치게 자의적인 세관 행정의 희생이 된 경우도 많다. 또한 어떤 사람은 특정 상품을 가지고 무사히 통과되었다고 하는데, 똑같은 상품을 가지고 오던 다른 사람은 세관에서 문제가 발생하는 등 일관성 없는 경우가 많다. 사람들이 당황할 수밖에 없는 이유다.

왜 이런 현상이 생길까? 많은 사람들은 '브라질 코스트'라는 말로 풀이한다. 행정 절차를 집행하는 공무원들이 자의적으로 규정을 해석하기 때문이라고 보면 된다. 물론 규정이 너무 자주 바뀌기 때문에 나타나는 부작용이기도 하다. "브라질 코스트라는 말을 모르면 브라질을 말하지 말라"는 말이 있다. 브라질은 인구 2억의 매력적인 시장임에 분명하다. 그리고 자원의 보고이며 지속적인 중산층 탄생으로 비즈니스 기회가 증가하고 있다. 그래서 유럽, 미국과 중국 및 아시아 기업의 투자가 증가하고 있다. 그러나 브라질 코스트를 모르고 덤비면 큰 화를 입을 소지가 있다.

세계은행의 조사결과가 브라질의 냉엄한 현실을 보여준다. 어느 나라가 기업하기 좋은지를 조사하여 발표하는 'Doingbusiness'에 대한 조사결과다. 세계은행이 교역과 채권회수, 자금조달부분, 재산권 등록과 투자자 보호, 창업부문, 세금납부, 건축인·허가, 퇴출부문 등 10개 분야를 실증적으로 조사하여 발표한 것이다. 2012년 조사결과에 따르면 싱가포르가 1위, 홍콩이 2위, 뉴질랜드, 미국과 덴마크가 각각 3, 4, 5위를 기록했다. 그런데 브라질은 조사대상 183개국 중에서 126위를 기록했다. 남미에서는 칠레가 39위로 성적이 제일 좋다. 다음은 페루로 41위, 콜롬비아 42위, 멕시코가 53위를 기록하였다. 브라질보다 순위가 낮은 나라는 남미에서 에콰도르, 볼리비아, 베네수엘라 정도다. 특히 순위가 낮은, 즉 문제가 많은 분야는 세금관련 분야이다. 세금분야에서의 순위는 150위를 기록하였다.

브라질 LCA 자문기관의 조사도 비슷하게 나타나고 있다. LCA는 브라질의 성장을 가로막는 브라질 코스트로 열악한 인프라, 복잡한 세금 구조와 행정제도를 지목하였다. 브라질 업체가 세금을 내는 데 소비하는 시간은 연간 2,600시간이며, 일반 행정기관에서 인허가를 받는데 소요되는 시간도 411시간으로 세계의 131개 조사대상국 평균 소요시간인 210시간의 거의 2배에 달한다고 밝혔다.

이러한 현상에 대해서는 브라질 내부에서도 불만이 많다. 브라질 기계제조연합회는 브라질 제조업체의 비용이 다른 나라보다 36%가 높다고 발표를 하였다. 조사를 담당했던 연구원은 독일의 제조업체가 같은 설비와 재료로 브라질에서 제품을 생산하면 가격이 36% 올라간다는 방법으로 설명하고 있다. 브라질 기업이 부담하는 금리가 높고, 수입관세 때문에 원자재 가격도 비싸고, 세금과 근로자 복지비용, 운송비 등의 요소비용이 비쌀 뿐만 아니라 인허가를 받는 행정 분야 비용까지 높다는 점을 지적하였다.

이처럼 여러 가지 행정관련 분야에 대한 불만이 있지만 특히 세금 문제에 있어서 불만이 최고조에 달한다. 조세전문가들은 브라질의 조세부담률이 GDP대비 34%로 브릭스 국가에서 가장 높은 수준이라고 밝혔다. 여론조사기관의 분석에 따르면 브라질에 노동당이 집권한 이후 세율이 더욱 올라갔기 때문에 국민들의 63%가 세금이 너무 많다고 생각하고 있는 것으로 나타났다. 상파울루주 공업연맹에 따르면 브라질에서 세탁기 등 고가의 제품인 경우 상품유통에 부과되는 간접세 세율이 무려 55%에 달하고 있다. 국가의 모든 경제주체가 세금이 문제라며 입을 모으고 있다.

브라질에서의 세무행정 처리는 다국적 기업들까지도 힘들어하는 과제다. 다국적 차량부품업체인 보쉬의 경우를 보자. 세금관련 문제를 담당하는 부서에 11명의 직원이 일하고 있다. 이들이 매일 27개주의 세금관련 법령 변화를 모니터링하고, 이에 맞추어 세금징수 시스템을 적용하고 있는 것으로 나타났다. 연방세인 공산세의 경우에도 연방세무청으로 보고할 때 4가지 다른 방법으로 보고해야 하는 어려움을 호소하고 있다. 그러다 보니 높은 세율로 인한 부담 그리고 세금 담당자 고용 등에 따른 인건비 등 부담까지 증가한다. 이런 노력에도 불구하고 툭하면 세금 포탈여부에 대한 조사를 받아야 하는 등 세금관련 비용부담 요소가 기하급수적으로 늘어나고 있다.

세금 문제와 함께 가장 까다로운 행정규제 분야는 환경분야라고 생각된다. 아마존 원시림을 비롯하여 브라질이 가지는 특수성 때문에 세계적인 환경보호단체들의 활동이 매우 활발하다. 이런 여건 때문에 환경보호관련 규제가 엄격한 것이 당연할 수도 있다.

그러나 브라질의 환경보호 제도관련 문제점은 역시 예측 가능성이 낮다는 점이다. 일반적으로 SOC관련 프로젝트와 산업시설 건설 시 환경영향평가를 받고 라이센스를 발급받는 데 6개월에서 1년 이상이 소요된다. 그러나 라이센스를 발급한 이후 공사가 진행되는 동안에도 항상 환경영향을 재검토할 수 있다. 환경영향 평가관련 이견 때문에 상파울루시의 외곽순환 고속도로 건설공사가 아직도 지연되고 있는 것은 좋은·사례이다. 거대 도시인 상파울루의 남북으로 연결되는 도로들이 모두 도심을 통과하기 때문에 심각한 체증의 원인이 된다. 따라서 외곽순환 도로를 건설할 계획이지만, 동북부 구간은 10년 이상 지체되면서 완공되지 않고 있다. 환경보호 등을 이유로 도로 건설 허가를 받는 데 시간이 너무 많이 소요되었기 때문이다.

환경보호관련 기업들에게 부담을 가중시키는 요인은 이해 당사자뿐 아니라 제3의 이해관계자도 환경보호를 이유로 프로젝트 진행에 개입할 수 있는 여지를 두고 있는 점이다. SOC프로젝트나 공장 건설이 진행되는 동안 직접적인 이해관계가 있는 당자자를 포함하여 제3의 이해관계자도 언제든지 환경을 파괴할 우려가 있다면서 사업 중단을 요구하는 소송을 제기할 수 있다. 이와 같이 예측할 수 없는 행정절차들이 브라질에서의 비즈니스를 어렵게 만드는 요인이다. 이렇게 행정절차가 복잡하고 예측하기 어렵지만, 브라질의 많은 기업들은 잘 활동하고 있다. 환경관련 행정절차 역시 행정부의 관련기관과 노동계, 환경보호단체 등 각계각층과 공동으로 충분하게 가치를 공유하고 설득하면서 풀어 가면 되는 것이다.

일본, 중국이나 인도네시아 등 아시아는 물론 유럽의 많은 국가를 여행한 경험도 풍부하고 미국에서 10년 이상 살기도 했지만 '문화 충격'이라는 말을 실감해 본 적이 없다. 그러나 브라질은 나에게 강한 문화적 충격을 경험하게 해준 나라이다. 약속 장소에 나가면 태연하게 웃으며 30분 늦게 나타나는 사람 등 우리의 문화와 여러 가지 면에서 차이를 보이기 때문이다.

브라질에서 생활하면 문화적 충격을 극복하는 데 최소 1년이 걸린다. 성격이 예민한 사람들은 몇 년이 걸릴지도 모른다. 그래서 우리 기업들이 어떻게 하면 브라질시장에 부드럽게 접근할 수 있을까 하는 걱정을 하게 되었다.

브라질이 워낙 크고 다양한 문화를 가지고 있기 때문에 2년의 현지 생활이 빈약해 보인다. 브라질을 깊이 있게 알기에는 턱없이 부족한 시간이다. 그러나 비록 얕은 경험이지만 미국이나 다른 나라와 비교를 통해 브라질을 바라볼 수 있는 시각의 이점도 있지 않을까 하는 생각이 앞섰다.

《국화와 칼》이라는 책을 읽었던 기억이 났다. 작가는 루스 베네딕트다. 일본을 방문한 적이 없지만 많은 일본인들과 인터뷰와 자료 분석을 통해 일본 사람의 의식을 가장 잘 표현한 책으로 알려져 있다. 이런 관점에서 짧은 경험이지만, 나의 체험과 수집한 자료를 분석하여 책으로 엮어보았다.

브라질에 근무하는 동안 디마레스트 법률회사의 마리오, 부르노 변호사가 많은 자료를 제공해 주었고, 브라질의 명사들을 소개해 주었다. 이러한 도움이 나의 브라질에 대한 식견을 넓히는 데 큰 도움이 되었다. 현지에서 기업을 경영한 소중한 경험을 전해준 우니코바 박영무 사장, 중남미한상 최태훈 회장도 값진 지식을 전해줘 항상 감사하게 생각하고 있다. 그리고 KOTRA 사람들은 항상 폭넓은 경험을 하고 다양한 경로를 통해 전파해야 한다며 대외 활동을 기꺼이 장려해준 오영호 사장님과 부족한 내용임에도 불구하고 기꺼이 출판을 할 수 있도록 기회를 만들어 주신 매일경제 전병준 편집국장에게도 이 기회를 빌려 감사의 뜻을 전한다. 그리고 집필에 필요한 여러 가지 자료들을 정리해준 아내에게도 감사를 전한다.

우리 기업인들이 좀 더 브라질을 잘 이해하고 본격적으로 진출하고자 하는 의지를 강화하는 데 도움이 되었으면 하는 바람이다. 그리

고 이런 작은 노력들이 브라질과 중남미를 잘 아는 사람들의 연구를

더욱 촉진하는 계기가 되길 기대해본다.

올 댓 브라질

초판 1쇄 2013년 4월 15일

지은이 김두영
펴낸이 성철환 **책임PD** 유능한 **펴낸곳** 매경출판㈜
등 록 2003년 4월 24일(No. 2 – 3759)
주 소 우)100 – 728 서울 중구 필동1가 30번지 매경미디어센터 9층
홈페이지 www.mkbook.co.kr
전 화 02)2000 – 2610(편집팀) 02)2000 – 2636(영업팀)
팩 스 02)2000 – 2609 **이메일** publish@mk.co.kr
인쇄 · 제본 ㈜M – print 031)8071 – 0961

ISBN 978 – 89 – 7442 – 002 – 4

값 14,000원